Николай Дубовицкий
Кирилл Лашков

**Колыванские вазы в Эрмитаже.
Повесть о мастерах и потомках**

Издательство «Моя Строка»
Санкт-Петербург
2018

УДК 73.04
ББК 85.13
Д 79

Оригинал-макет: Н. Дубовицкий
Обложка: Д. Давыдова

Д 79   **Николай Дубовицкий, Кирилл Лашков**
Колыванские вазы в Эрмитаже. Повесть о мастерах и по-томках. Научно-популярная литертара / Дубовицкий Н., Лашков К. — Санкт-Петербург: Издательство «Моя Строка», 2018. — 190 стр.

ISBN 978-1-7187554-4-4

В книге двух авторов Н.А.Дубовицкого и К.В.Лашкова представлена история жизни главного мастера Петергофской гранильной фабрики Павла Андреевича Ивачёва и его семьи, из потомственных мастеров-камнерезов Горной Колывани на Алтае. Изделия из Колывани: вазы и колонны для царских дворцов, совершив путешествие через всю Россию, доставлялись в Эрмитаж. Самая известная работа камнерезного искусства знаменитая Колыванская ваза. На её пьедестале имя Ивачёва. После Октябрьской революции и Гражданской войны многие жители Колывани покинули родные места. В их числе были Ивачёвы и Лашковы-предки авторов этой книги. Вдали от родных мест, они бережно хранили семейные архивы, собирали сведения о Колывани, и по традиции регулярно посещали Эрмитаж, где собраны великолепные работы Колыванских камнерезов. Однажды Николай Дубовицкий, проживающий в Германии, и Кирилл Лашков, житель Санкт-Петербурга, встретились и объединили свои семейные архивы для этой книги. После смерти Кирилла Владимировича Лашкова, его дочь Ирина Кирилловна приняла деятельное участие в приготовлении этой книги к печати.

На первой странице обложки: Ольга, внучка Надежды Григорьевны Никольской урождённой Ивачёвой. Эрмитаж. Колыванская ваза, «Царица ваз».
На четвёртой странице обложки: Авторы: Н.А.Дубовицкий, К.В.Лашков и сведения о П.А.Ивачёве.

Все права защищены. Никакая часть данной книги не может быть воспроизведена в какой бы то ни было форме без письменного разрешения правообладателя.

ISBN 978-5-9500167-8-3

© Николай Дубовицкий, Кирилл Лашков, 2018
© Издательство «Моя Строка», 2018

Николай Дубовицкий
Кирилл Лашков

Колыванские вазы в Эрмитаже. Повесть о мастерах и потомках

Ивачёв Павел Андреевич
(1844-1910 гг.)
Выпускник Императорской Академии художеств, управляющий Колыванской шлифовальной фабрики и главный мастер Петергофской гранильной фабрики

Светлой памяти наших предков
в год 400-летия царского Дома Романовых
посвящается эта книга

Биографии авторов
Оглавление:
Введение
Ивачёвы из Новгорода Великого. Пётр I и война со шведами. Никита Демидов на Урале. Поиски серебра на Алтае. Императрица Елизавета Петровна. Экспедиция Петра Шангина. Поиски серебра и яшмы. Локтевский сереброплавильный завод. Генерал-майор П.А.Соймонов. Филипп Стрижков-основатель Колыванской шлифовальной фабрики. Г.С.Качка-начальник Колывано-Воскресенских заводов. Петербургские архитекторы А.Н.Воронихин, Джакомо Кваренги, Карл Росси. Родословная Ивачёвых и Лашковых. Иван Михайлович Ивачёв и Колыванская ваза «Царица ваз». Граф Ф.Толстой - скульптор и медальер. Медальон «Родомысл». Резчики Иван Черемных и Иван Ивачёв.
стр. 12-17

1. Колывань
Осип Ивачёв-основатель династии камнерезов. Филипп Стрижков 30 лет в Колывани. Наиболее известные вазы. Чтырёхугольная чаша-подарок Императора Александра I Наполеону. Камнерезный мастер Яков Протопопов в Париже. Кабинет Его Императорского Величества. Ивачёвы в Колывани. Горнозаводская школа. Ланкастерская система. Царский Указ министру Императорского Двора. Освобождение крестьян. Пожары на Алтае. Высшее горное училище в Петербурге. Павел Ивачёв в Окружном горном училище Барнаула. Преподаватели: И.М. Ревнованц выпускник Саксонской горной академии и его коллекция, В.В. Петров знаменитый физик открывший электросварку, В.В.Радлов выпускник Берлинского Университета. Степан Иванович Гуляев. Аттестат П.Ивачёва об окончании горного училища в Барнауле. Кандидат в горные уставщики. Этнографическая экспедиция Радлова. Ссыльный С.М.Дудин фотограф и художник. Прошение П.Ивачёва в Кабинет о разрешении продолжить ему учёбу *в Петербургской Академии художеств*.
стр.17-29

2. Императорская Академия Художеств
Горнозаводской кандидат Павел Ивачёв. Ученик Колыванской шлифовальной фабрики Назар Ивачёв. Преподаватели Императорской Академии художеств. Сибиряк Василия Суриков. Колыванская ваза «Царица ваз» в Эрмитаже. Горный начальник Колывано-Воскресенских заводов Фёдор Беггер. 1873 год окончание Академии художеств. Диплом № 1804. Звание классного художника 2 степени. Дополнительный год в академии по камнерезному искусству. Назар Ивачёв. Павел Ивачёв в Колыванской шлифовальной фабрике. С караваном золота в Петербург. В Академии художеств на преподавательской работе. Свидетельство № 94 на право быть учителем рисования. Совместная работа В.Сурикова и П.Ивачёва. Серия картин деяния Петра I и фрески четырёх Соборов в храме Христа Спасителя в Москве. И.Н.Крамской один из основателей Товарищества передвижников.
стр. 30-41

3. Товарищество Передвижных Художественных Выставок
Товарищество художников передвижников. «Бунт четырнадцати». П.А Ивачёв в качестве Заведующего ТПХВ. Переписка с художниками и с администрацией городов и учреждений. Руководство ТПХВ: И.Н.Крамской, П Брюллов и Савицкий. (К.Лемох).
И.Н.Крамской—М.Б.Тулинову. И.Н.Крамской—министру внутренних дел А.Е.Тимашёву, И.Н.Крамской—Ф.А.Васильеву. Товарищество передвижников: П.Брюллов, К.Лемох, К.Савицкий—А.Д.Чиркин—К.А. Савицкому, П.А. Ивачёв—Ректору Университета в Киеве. П.А.Ивачёв—П.Брюллову, Письмо П.А.—Правлению ТПХВ, П.А.Ивачёв—К.А.Савицкому, П.А.Ивачёв—Ректору Университета в Киеве, И.И.Рахманинов—П.А. Ивачёву, П.А. Ивачёв—И.И. Рахманинову, И.И. Рахманинов—П.А. Ивачёву. П.А. Ивачёв—П.М. Третьякову, П.А. Ивачёв—А.А.Потебне, П.А. Ивачёв—А.А. Киселёву, П.А.Ивачёв—И.И.Шишкину. П.А. Ивачёв—П.М.Третьякову, П.А. Ивачёв—В. М.Гаршину, П.А. Ивачёв—И.И.Шишкину.
Указ Александра III. Реформа Академии художеств. Возвращение передвижников в Императорскую Академию художеств.
стр.42-59

4. Колыванская Шлифовальная фабрика
Немного истории. Управляющий Колыванской шлифовальной фабрикой И.А Злобин и его акварельные рисунки Колывани.
Камнерезный станок Нартова. Александр Залесов выпускник Барнаульского Окружного училища, кандидат в горные уставщики в Императорской Академии Художеств. Горный инженер полковник Л.А. Соколовский. «химерическая ваза» и Бронзовая медаль на всемирной выставке в Лондоне. Две вазы по рисункам А.Залесова и П.Ивачёва на Всероссийской выставке 1879г в честь 20-летия царствования Александра I. Граф Ф.Толстой вице-президент Академии художеств. История Алтайского округа. Из Формулярного списка Ф.В.

Стрижкова. Табель о рангах для горных офицеров. А.В.Олсуфьев-глава Кабинета Ея Императорского Величества. Именной указ 1761 года императрицы Елизаветы Петровны. Стихи Николая Дубовицкого. Семья Ивачёва. Родство с Лашковыми. Протоиерей Аполлон Лашков. Отсутствие дорогих заказов из Кабинета. Безработные мастера. Жалобы и Прошения. Заказ на изготовление саркофага в Бозе почившему Императору Александру II. Утраченные надежды. Добытый монолит по указанию из Кабинета отправлен на Петергофскую гранильную фабрику. Сопровождает мастер Хворостинин. 1892 г.Три вазы на Всемирной выставке к 400-летию открытия Америки Колумбом. Колыванской вазе присуждена Бронзовая медаль. 1893 году у Ивачёвых родилась третья дочь Татьяна. Пожар на фабрике. Прошение Воротникова и Сыромятникова. А.М.Родионов и его книга. 17 дек. 1894 года у Ивачёвых родился сын Николай. За полезную деятельность П.А. Ивачёв получил от Кабинета подарок. 100-летие Колыванской шлифовальной фабрики. Книга Н.С.Гуляева и П.А.Ивачёва. Рапорт Управляющего П.А.Ивачёва.
стр. 60-72

5. Петергофская Гранильная фабрика Историческая справка. 1860г. Новое Положение о мастеровых. 1875 год. 100-летний юбилей Императорской гранильной фабрики. Изготовление гробниц и саркофагов по проекту А.Л. Гуна для Петропавловского собора. Работа над саркофагами императора Александра II и императрицы Марии Александровны. Семья Ивачёвых в Петергофе. Старшие дочери Маргарита и Мария в Томской Мариинской гимназии. 1905г. Всемирная выставка в Лютих (Бельгия) Свидетельство врача А.Строганова о состоянии здоровья П.А.Ивачёва. «13 мая 1908г на время отпуска ДСС Гуна заведующим Петергофской гранильной фабрикой назначается Коллежский советник Ивачёв»
стр. 73-79

6. 1 марта 1881 года Покушение на Царя Александра II. Террористическая организация «*Народная воля*». Руководители: Софья Перовская и брат Ленина Александр Ульянов. Гибель Царя-Освободителя. Казнь Софьи Перовской и Александра Ульянова. Часовня на месте смертельного поранения Александра II. Храм на Крови. Сень-шатёр в храме работы камнерезных мастеров Колывани и Петергофа. Высочайшим повелением мастерам и П.А.Ивачёву пожалованы подарки.
стр. 80-83

7. Петропавловская крепость Историческая справка. Беломраморные саркофаги и надгробия для всей романовской династии. Саркофаги для царя Александра II и для Марии Александровны, исполненные мастерами Колыванской, Екатеринбургской и Петергофской гранильных фабрик.
Замена деревянных конструкций шпиля Петропавловской крепости металлическими конструкциями уральским инженером Иоссом. Ещё раз о Родионове..За особые труды по заготовке каменных блоков для саркофагов П.Ивачёву от Кабинета денежная награда. Жизнь семьи Ивачёвых в Петергофе. 3 августа 1910г. смерть Павла Андреевича Ивачёва. Пособие и пенсия вдове Анне Аполлоновне, опекунство детям.
стр.84-88

8. Андрей Васильевич Ивачёв Основатель родословной Ивачёвых. Жена Прасковья Николаевна. Её Воспоминания переданные сыну Павлу Андреевичу. Лев Андреевич Ивачёв-прадед, Григорий Андреевич Ивачёв-дед Николая Дубовицкого по материнской линии. Пётр Андреевич Ивачёв. Имена Ивачёвых в Эрмитаже. И опять граф Ф.Толстой.
Семья Павла Андреевича Ивачёва: Жена Анна Аполлоновна Лашкова. Дети: Маргарита, Мария, Татьяна, Николай, Аполлон и Александра. Николай Ивачёв и эсминец «Гавриил».
Аполлон Ивачёв участник 4-х войн.
стр. 89-106

9. Семипалатинские Ивачёвы Григорий Львович сын Льва Андреевича Ивачёва и племянник Павла Андреевича Ивачёва. **Пелагея Григорьевна Ивачёва** и её предок **Герасим Зырянов**. Зыряновский рудник.. Семипалатинск. Дом Ивачёвых рядом с Крепостными воротами. Река Иртыш. Казачья церковь. Большая семья Григория Львовича и Пелагеи Григорьевны Ивачёвых. 10 детей:
Иван Григорьевич. Художник и мастер на все руки. Участник двух войн 1914 и 1941 гг.
Александр Григорьевич. Вначале войны 1941 пропал без вести. Жена Зоя .Двое детей.
Анатолий Григорьевич. Бухгалтер-экономист и его пребывание в Магадане.
Виктор Григорьевич. В 1930г был репрессирован. Два года тюремного заключения.
В 1941 отправлен на фронт. После войны жил в Москве. Жена Нина. Двое детей Володя и Оля. Внук Олег.
Валентина Григорьевна в замужестве Христофорова. Медицинская сестра. В 1941 году записалась добровольцем на войну. Была в действующей армии на Дальнем Востоке. Дочь Людмила. От первого брака сын Владимир Христофоров. Писатель.

Антонина Григорьевна в замужестве Тузова. Двое детей. Старший сын лётчик погиб в 1942 защищая Москву. Второй сын отстал от воинского эшелона и его расстреляли как дезертира.
Мария Григорьевна в замужестве Гугенотова. Муж бывший царский офицер. Под страхом ареста, они часто меняли место жительства. Детей не имели. После войны жили в Алма-Ате.
Зинаида Григорьевна в замужестве Шведова. Часто переезжали с места на место. Одно время жили в Магадане, позднее в Мирном. Двое детей.
Надежда Григорьевна в замужестве Никольская. Муж бывший царский офицер. Участник войны 1914 года. После войны стал священником. Отказался сотрудничать с НКВД и нарушать тайну исповеди. Арестован. После войны в Симферополе. Трое детей. Вера и Галя художники. Николай занимался художественной фотографией. Молодое поколение Веры и Николая все рисуют. Лиля и Василий учатся в Художественном училище имени Самокиша.
Анфия Григорьевна, в замужестве Дубовицкая (см. гл. 13)
стр.106-118

10. Ивачёвы и Герасим Зырянов
Локтевский завод-родина Герасима Зырянова. 13 летний промывальщик руды. Слесарный ученик. Жена Ульяна. 1791 году Зырянов нашёл золото. На Локтевском заводе подтвердили «Золотистое серебро» В.С. Чулков рапортует в Барнаул Качке. Г.С. Качка спешит сообщить радостную весть в Кабинет Его Императорского величества. Тем временем Герасим в экспедиции тяжело заболел и умер. Вдова и шестеро детей без вознаграждения, без средств к существованию. Старший сын Александр 11 лет и Степан 9 лет стали работать на заводе. 1793 год. Сын Зырянова Александр подаёт Прошение, просит выдать вознаграждение за открытие золотого месторождения или хотя бы добавили жалованье. В 1801 г. Царь Александр I подписал Указ. 551 рубль 61 коп. Вознаграждение за открытие золотоносного месторождения. Пелагея Григорьевна Пирожкова выходит замуж за священника Черкасова. Он погибает в составе миссии в Китай. Овдовевшая Пелагея выходит замуж за Григория Львовича Ивачёва. 1868 год. Великий князь Владимир Александрович, сын Императора Александра II, путешествует в северных районах Казахстана, на Алтае и на Зыряновском руднике. Пчёлы на Алтае. Дедушкина пасека. Сладкий мёд и горькая судьба пчеловода.
стр.119-123

11. Лашковы до и после Октября.
Камнедельные мастера, гранильщики, отделщики, шлифовальные ученики, каменотёсы, кузнецы и другие специальности Колыванской шлифовальной фабрики. При фабрике: контора, лазарет, конюшня, магазины для хранения провианта и припасов. Родословная Ивачёвых, Серковых и Лашковых. Ссыльный Ф.М. Достоевский в Семипалатинске и его венчание с Марией Исаевой в г. Кузнецке, с участием дьякона Петра Лашкова. Мария Васильевна Серкова замужем за Владимиром Ивановичем Лашковым. Сын Марии и Владимира Кирилл Владимирович Лашков один из авторов этой книги. Мать Марии Васильевны Анна Андреевна Ивачёва, родная сестра Павла Андреевича Ивачёва управляющего Колыванской шлифовальной фабрикой. Судьба Лашковых в 30-е годы при советской власти. Жизненный путь Кирилла Владимировича Лашкова и судьба его жены Лидии Андреевны Гудковой.
стр.124-132

12. Серковы – Ивачёвы - Лашковы
Серкова-Анна Андреевна сестра Павла Андреевича Ивачёва и жена Василия Константиновича Серкова. Мария-дочь Василия Константиновича и её письмо Марии Павловне дочери Павла Андреевича Ивачёва. Стихи и проза. Ирина Кирилловна Лашкова, дочь автора этой книги Кирилла Владимировича Лашкова, и её участие в подготовке этой книги в печать. Книга «У последнего приюта» Н.Дубовицкого в Германии и в России.
стр.133-141

13. Карагандинские потомки Ивачёвых
Анфия Григорьевна Ивачёва, дочь Григория Львовича Ивачёва, в 1934 году познакомилась со студентом Семипалатинского сельскохозяйственного техникума Андреем Дубовицким и вышла за него замуж. В семье шестеро детей: Геннадий, Семён, Валентина, Татьяна, Наталья. Старший в семье Николай, один из авторов этой книги.
стр. 142-145

14. Заключительная глава.
стр.146--150

15. Источники и список использованной литературы
стр. 151

16. Приложение. стр. 152

Кирилл Владимирович Лашков.
(биография) Родился в Омске 19 февраля 1921 года. Рано проявились его незаурядные способности. Шестилетним ребёнком он научился читать, и в 1930 году был принят в школу сразу во второй класс. После окончания школы, в 1939 году поступил в Омский медицинский институт. В марте 1942 года после третьего курса решил идти добровольцем на фронт. Но с призывного пункта его направили на Военный факультет 2-го Медицинского института, эвакуированного в Омск. Окончил он учёбу уже в Москве в апреле 1943 года и в звании капитана медицинской службы был на Втором Белорусском и на Северо-западном фронте.

После тяжёлых боёв в конце 1943 года воинская часть, в составе которой был капитан медицинской службы Кирилл Лашков, была выведена на переформирование в город Рыбинск. Тепло принятые жителями Рыбинска, бойцы и командиры решили организовать встречу Нового 1944 года вместе с коллективом расположенной поблизости школы. На этом праздничном вечере Кирилл Лашков познакомился с молодой учительницей Лидией Гудковой, которая преподавала историю в 5-7 классах и была студенткой-заочницей Учительского института в Ярославле.

Вначале февраля 1944 года воинская часть завершила формирование и была направлена на фронт. При расставании капитан медицинской службы военврач Кирилл Лашков и учительница истории 32 Средней школы города Рыбинска Лидия Гудкова поклялись не терять друг друга. Они обменивались письмами почти два года.

В конце 1944 года воинская часть, в составе которой был медсанбат Кирилла Лашкова, вступила на территорию Польши и участвовала в военных действиях в Восточной Пруссии и Померании. Победу К. Лашков встретил в городе Штеттин.
В 1945 году он был награждён орденом Красной Звезды, медалями «За взятие Кенигсберга», «За боевые заслуги» и «За победу над Германией».

В октябре 1945 года Кирилл Лашков побывал в Рыбинске и встретился с Лидией Гудковой. 26 октября 1945 года они поженились. Но военная служба для Кирилла Лашкова не кончилась. Военврач майор Кирилл Лашков служил старшим врачом отдельного батальона контрразведки «Смерш» на территории Польши. В 1946 году командование разрешило офицерам воинской части привезти своих жён. Вначале апреля 1946 года за Лидией Андреевной Лашковой ездил ординарец майора Лашкова, порученец Петя. 26 декабря 1946 года в городе Легница на территории Польши родился сын Володя. В мае 1947 батальон контрразведки Смерш, был расформирован. Военврач майор Лашков продолжал служить врачом в эпидотделе 181-й санитарно-эпидемиологической лаборатории Северной группы войск в городе Легница. За ликвидацию вспышки инфекционных заболеваний в воинских частях и среди местного населения, он был награждён польской медалью «Победа и Свобода». Семья жила в Польше до конца 1951 года. В звании майора медицинской службы К. Лашков был переведен в 411 военный госпиталь Одесского военного округа. Его жена Лидия Андреевна Лашкова с сыном Володей выехала к родственникам в город Рыбинск. 20 января 1952 года родилась дочь Ирина.

 В послевоенные годы К.В. Лашков продолжал службу в воинских частях на должности врача-специалиста санитарно-эпидемиологической лаборатории, врача статистика окружного госпиталя, старшего офицера военно-медицинского отдела группы войск Одесского военного округа.

В 1954 году К.В Лашкову было присвоено звание подполковника, и он поступил в адъюнктуру Военно-Медицинской академии им. С.М. Кирова в Ленинграде. С 1960 года кандидат медицинских наук, с 1964 года доцент. В 1966 году К.В. Лашкову присвоено звание полковника.

Он принимал участие в первых работах посвящённых использованию ЭВМ и методов кибернетики в военной медицине и здравоохранении. При непосредственном участии Кирилла Владимировича в начале 60-х годов были применены непараметрические методы статистической обработки лабораторных и клинических данных.

С 1976 по 1983 г. полковник Лашков заместитель начальника кафедры автоматизации управления и статистики. Он автор и соавтор 140 научных работ и учебника «*Основы военно-медицинской статистики*» и четырёх монографий. В 1983 году К.В. Лашков вышел в отставку. Но ещё в течение 15 лет продолжал вести педагогическую работу в академии.

В книге « *Очерк истории военно-медицинской статистики и её преподавание в военно-медицинской академии*» К.В. Лашков в соавторстве с другими специалистами под редакцией профессора В.И. Кувакина СПб, 1999г.

К.В. Лашков действительный член Русского географического общества, член Санкт-Петербургского научного общества историков медицины. В послевоенные годы награждён Орденом Отечественной войны 2-ой степени, 12 медалями, значком «*Отличник здравоохранения СССР*» и Грамотой Министра Обороны СССР.

***

Николай Андреевич Дубовицкий
(автобиография)
Родился в Семипалатинске 20 мая 1935 года. Отец занимался в Семипалатинском сельскохозяйственном техникуме и сотрудничал в газетах. Мама училась в медицинском училище, посещала курсы радисток, рисовала прекрасные акварели и ездила в Алма-Ату на «*Семинары художников самоучек*».

 В 1938 году наша семья переехала в Уральск. Началась война. Мужчины уходили на фронт. Отца направили в Чувашинскую МТС, Приурального района Западно-Казахстанской области, для организации и подготовки посевной кампании 1942 года. Он с заданием успешно справился, с него сняли «*бронь*» и отправили на фронт.

Вернулся он домой в1944 году после длительного лечения в госпиталях. В мае 1945 года ему установили группу инвалидности, и мы уехали к бабушке Ивачёвой в Семипалатинск.

И ещё несколько раз меняли место жительства. После начальной школы в посёлке МТС мне довелось учиться в Семипалатинске, в Караганде и в Каркаралинске. В этом городе отец работал собкором (собственный корреспондент) областной газеты *«Социалистическая Караганда»*, а я окончил школу. В феврале 1954 года отец тяжело заболел и его на санитарном самолёте отправили в больницу города Караганды, и наша семья переехала в Караганду. Врачи установили отцу смертельный диагноз. До его болезни я собирался поступать на строительное отделение горного института, но теперь, семья оставалась без средств к существованию, и мне было не до учёбы. Но вместе с одноклассниками, пошёл сдавать документы в институт. В техническом институте надо было сдавать математику на конкурсных условиях. Я выбрал медицинский институт. Там экзамены были для меня полегче, без математики. Неожиданно для всех сдал вступительные экзамены, и стал студентом Карагандинского государственного медицинского института (КГМИ).

В 1961 году, после окончания КГМИ меня направили в распоряжение Министерства Путей Сообщения (МПС), работал в железнодорожной больнице на станции *«Курорт Боровое»* Казахской железной дороги.

В 1963 году прошёл специализацию по рентгенологии и туберкулёзу в государственном институте для усовершенствования врачей города Казани (ГИДУВ) и мне, было предложено место главного врача Щучинского районного противотуберкулёзного диспансера в Кокчетавской области. Наш маленький коллектив выполнял закрытое Постановление Партии и Правительства *«О ликвидации туберкулёза как распространённого заболевания»*. За четыре года напряжённой работы Постановление партии и правительства было успешно выполнено. Была завершена реконструкция зданий и сооружений тубдиспансера, расширен стационар. В 1966 году (одними из первых в СССР!) мы с женой Лидией Григорьевной открыли Бактериологическую лабораторию для определения резистентности и чувствительности туберкулёзной инфекции к существующим медикаментам! В 1968 году по итогам Республиканского смотра медицинских учреждений республики Казахстана, Щучинский районный противотуберкулёзный диспансер был занесен на Республиканскую Доску Почёта, меня ввели в состав Лечебно-профилактического Совета при Министерстве здравоохранения Каз.ССР. Щучинский районный тубдиспансер стал учебной базой для больниц и противотуберкулёзных диспансеров Казахстана. Мы стали работать по Международной программе под руководством Центрального Института туберкулёза Москвы. (Директор А.Г. Хоменко, научные работники: И.Р. Дорожкова и Н.М. Макаревич).

И меня без единого административного взыскания, награжденного значком *«Отличник Здравоохранения СССР»*, Почётной Грамотой Министра Здравоохранения Каз.ССР, врача рентгенолога Первой врачебной категории, делегата 4-го съезда врачей Казахстана, заменили. На всё готовенькое нашли врача, не имеющего понятия о туберкулёзе и рентгенологии, но с партбилетом в кармане.

***

С юных лет слышал я от родителей и родственников о наших предках Ивачёвых, из горной Колывани, где на Шлифовальной фабрике делали каменные вазы и колонны для дворцов Петербурга. Эти рассказы взрослых воспринимались мною, как фантастические сказки. Но в 1951 году к рассказам нашей мамы появились подтверждения. В тот год я побывал в Семипалатинске у родственников Ивачёвых. И они рассказали мне много интересного о Колывани и о наших предках.

После окончания медицинского института, съездил в Ленинград, что бы повидать Колыванскую вазу. С той поры начал собирать сведения о Колывани. Много раз, бывая в Москве, посещал Ленинскую библиотеку, в Ленинграде библиотеку имени Салтыкова-Щедрина. В архивах страны искал и находил нужные мне материалы. Занимался краеведением, краеведение привело меня в журналистику, стал нештатным корреспондентом газет и журналов.

Бывая в Ленинграде, обязательно посещал Эрмитаж. Побывать у Колыванской вазы, на пьедестале которой сохранилось имя мастера Ивачёва, доставившего вазу в Санкт-Петербург, встретиться с сотрудниками Эрмитажа, хранителями неповторимых работ колыванских камнерезов, стало традицией нашей семьи.

С годами сведения по Колыванской шлифовальной фабрике накапливались. Я вёл переписку с музеями. В одном из писем, старший научный сотрудник Эрмитажа Наталья Михайловна Мавродина поинтересовалась, что собрано мною о колыванских Ивачёвых. Я отправил ей в Эрмитаж всё, что к тому времени мне удалось собрать.

В 2007 году вышло в свет Научное издание Наталии Михайловны Мавродиной *«Искусство русских мастеров XVIII-XIX веков. Каталог. Коллекция»*. Издательство Государственного Эрмитажа. Меня пригласили на встречу и 19 сентября 2007 года в Эрмитаже, вручили это сказочное Издание, с дарственной надписью автора Н.М. Мавродиной. В этом каталоге опубликованы сведения, о моём предке Ивачёве Павле Андреевиче. Однажды, в одном издании встретил я фамилию Лашкова Кирилла Владимировича, тоже собирающего сведения по Колыванской шлифовальной фабрике. Отыскать Лашкова было не просто. В поиске участвовали мои близкие и родные. Они нашли адрес К.В.Лашкова в Петербурге. У Кирилла Владимировича родство с Ивачёвыми. Его прабабушка Анна Аполлоновна Лашкова супруга Павла Андреевича Ивачёва, который приходится моему прадеду Льву Андреевичу Ивачёву родным братом. В семье Лашковых сохранились дореволюционные фотографии, рукописи, редкие издания, воспоминания близких и родных. В октябре 2011г я побывал в Петербурге у Лашковых. Лидия Андреевна Лашкова-супруга Кирилла Владимировича, дочь Ирина Кирилловна и сын Владимир Кириллович встретили и приютили меня как родного. Кирилл Владимирович участник Великой Отечественной войны, врач, после войны работал, в Военно-медицинской академии. Занятый на ответственной работе, он находил время для пополнения семейного архива. Он ездил в Горную Колывань, искал, находил, и переписывался с потомками Ивачёвых. Ему помогали члены его семьи. Жена Лидия Андреевна и дочь Ирина Кирилловна бережно хранили его рукописи. Сын Владимир Кириллович аккуратно перепечатывал отцовские рукописи на пишущей машинке. Благодаря семье Лашковых, был собран уникальный семейный архив и сохранились бесценные сведения ушедшего прошлого, которые предлагаются теперь вниманию читателей.

***

Введение

Ивачёвы из Новгорода Великого. Пётр I и война со шведами. Никита Демидов на Урале. Поиски серебра на Алтае. Императрица Елизавета Петровна. Экспедиция Петра Шангина. Поиски серебра и яшмы. Герасим Зырянов. Локтевский сереброплавильный завод. Генерал-майор П.А.Соймонов. Филипп Стрижков-основатель Колыванской шлифовальной фабрики. Г.С.Качка-начальник Колывано-Воскресенских заводов. Петербургские архитекторы А.Н.Воронихин, Джакомо Кваренги, Карл Росси. Родословная Ивачёвых и Лашковых. Иван Михайлович Ивачёв и Колыванская чаша «Царица ваз». Граф Ф.Толстой - скульптор и медальер. Медальон «Родомысл». Резчики Иван Черемных и Иван Ивачёв

Изучение семейной истории уводило К.Лашкова и Н.Дубовицкого в далёкое прошлое, когда Русь из дремучих лесов пыталась найти выход к открытому морю. Вначале XII века в Новгороде Великом впервые упоминается семейство по прозвищу **Ивач**. Детей Ивача стали называть Ивачёвы. Постепенно имя Ивачёвых распространилось на Руси. Потомки Новгородских Ивачёвых достойно проявили себя на Алтае, в Горной Колывани.

До Петра I железо и ружья покупали у шведов. Шведское железо было высокого качества, поэтому предпочитали покупать готовое и не очень были озабочены производить своё. Начавшаяся война со шведами приостановила торговлю между Швецией и Русью. Неудачное начало военных действий ещё более усложнили обстановку.

Для восполнения потерянных в битве пушек не хватало металла. Не было умелых мастеров-оружейников. К счастью на Урале обнаружился мастер своего дела Никита

Демидов, который мог делать ружья не хуже шведских. Демидов получил от царя большие полномочия и права. Металлургическое дело на Урале, оказалось в руках предприимчивого Демидова.

На строительство Петербурга, кораблей и крепостей был исчерпан золотой запас. Казна опустела. Своего золота в пределах Руси не было. Пытались искать золото на Урале. Но золото не нашли. В Сибири *бугровщики*, так называли гробокопателей, находили в курганах золото, и серебро. Демидов посылает своих людей на поиски. Следы древних золотодобытчиков привели на Алтай.

Объявлена *горная свобода* и *Бергпривилегия*. Разрешалось всем, кто пожелает: «...*искать, копать, плавить, всякие металлы: золото, серебро, и медь...*» Самодеятельные рудоискатели освобождались от рекрутской повинности. Даже крепостной человек, нашедший руду, мог получить вольную. Одних этих двух привилегий было достаточно, что бы в тайгу двинулись золотоискатели имея в руках правительственную Грамоту и надежду на удачу.

Рудное месторождение, на Алтае обнаружил Герасим Зырянов. Пробирное исследование образцов показало, что они содержат золотистое серебро и свинец с большим содержанием золота. Рудник в честь первооткрывателя был назван Зыряновским.

Освоение рудных богатств Алтая продолжалось. В предгорьях Алтая на открытых меднорудных месторождениях были построены медеплавильные заводы.

В 1747 году дочь Петра I, императрица Елизавета Петровна издает указ, по которому значительная территория юга Западной Сибири была изъята из рук наследников Демидова и принята в царскую казну. На Алтайских серебряных рудниках стали добывать 90 процентов российского серебра, по 1000 пудов в год.

Во второй половине XVIII века в Европе разразилась *«каменная лихорадка»*. Даже высокопоставленные королевские чиновники приобретали коллекции минералов, и учились распознавать минералы по их внешнему виду. Считалось модным иметь брошки из полудрагоценных камней. Дамы стали носить их на своих придворных нарядах. Каменные украшения появились у представительниц королевских фамилий. Спрос на эти блестящие отполированные камешки докатился до России. Русский Двор старался не отставать.

В 1785 году на Колывано-Воскресенских заводах побывал генерал-майор Кабинета Её Императорского Величества П.А. Соймонов*. Соймонов был хорошо информирован о новых вкусах просвещённых монархов и, увидев на берегу алтайских горных речек необычные камни, решил прихватить их с собой. Вернувшись в Петербург, генерал Саймонов, воспользовался случаем и преподнёс алтайские камни Императрице. На что он рассчитывал, предложив императрице не золото, не ювелирные украшения, не бриллианты, а простые с виду камешки? Можно легко себе представить, что в случае плохого настроения самодержавной императрицы голова могла слететь с плеч. Ответная реакция Екатерины II была непредсказуема. И замерли придворные в ожидании возможного скандала. Но Императрица благосклонно приняла подарок, и более того, с восхищением разглядывала преподнесённые ей отполированные до блеска камешки с далёкого Алтая.

Для определения места рождения этих камней на Алтай последовали экспедиции. Они искали образцы камней подобные итальянским, розданные в экспедиции в качестве образцов. Но ничего подобного заморским камням не находили. Но вот за дело взялся Шангин* Пётр Иванович, и состоялась его счастливая экспедиция. Коргонские находки зеленоволнистой яшмы и брекчии были доставлены ко Двору. Последовал Высочайший Указ об устройстве шлифовальной фабрики на Алтае.

В 1786 году на Локтевском сереброплавильном заводе были отшлифованы и опробованы образцы алтайских самоцветов. Прибывший на Алтай петергофский камнедельный мастер Пётр Бакланов* начал налаживать камнерезное дело. И вот уже первые изделия из алтайского камня в январе 1787 года с караваном серебра отправились в Петербург. После смерти Бакланова в 1791 году, главным камнерезным мастером стал молодой сибиряк Филипп Стрижков*, работавший под руководством Бакланова пять лет. Он изобрёл камнерезную машину для обработки камней. Изготовленные вазы по рисункам столичных архитекторов Воронихина, Кваренги, Росси, Стрижков доставил в Петербург.

Примечание:
Соймонов*- Пётр Александрович. Императрица Екатерина II направила генерал-майора Соймонова в мае месяце 1785 года на Алтай «...для самоличного обозрения ведомства нашего Кабинета, Колыванских заводов и для учинения всех нужных распоряжений, посредством коих отвращены быть могут разные тут встретившиеся затруднения».

На Алтае Соймонов занимался не только горными делами. Собранные им невзрачные камни были представлены в отполированном виде Императрице. Последовал Высочайший Указ: *«Поручаем генерал-майору Соймонову прилагать старание в распространении приисков не токмо руд, но всякого рода камней и минералов полезных».*

В 1886 году Соймонов сообщил Качке*: *«...поднесенные Ея императорскому Величеству разные порфиры, агаты, и яшмы, в окружности, объемлемой Колывано-Воскресенскими заводами, удостоены были Высочайшего благоволения ...изустно же Ея Императорское Величество высочайше указать мне соизволила, что бы со стороны заводской приложено было старание о сыскании тех мест, где поднесенные мною описанные выше сего каменья находятся, и когда удостовериться можно будет о месте пребывания их, то учредить каменную ломку и шлифовальную. При заводах фабрику для обработки колонн, ваз, столов, каминов и других сим подобных приборов...».*

В своём объёмном послании генерал-майор Соймонов давал конкретное руководство к действию: *«По открытию будущей весны, благоволите отправить в горы Алтайского хребта, особенно к вершинам Чарыша, Убы, Ульбы и других из сего пояса текущих рек, и иные места несколько партий в тех реках найденных, и показав им для сведения и лучшие сего рода итальянские. К вящему же их ободрению можете по рассмотрению Вашему определить ревностным и счастливым в сем изыскании некоторое соразмерное награждение, но как мне небезызвестно, что в тамошнем краю, многие из вольножелающих приохочены к сысканию руд, то уповательно, что из них сыщутся охотники, которые в сей части упражняться будут».*

Качка* Гавриил Симонович (1739-1818) начальник Колывано-Воскресенских заводов, тайный советник. Родился на Урале в посёлке при Бымовском медеплавильном заводе, в семье штейгера выходца из Венгрии. Его отец некоторое время служил в Змеиногорском руднике. Гавриил получил домашнее воспитание. В 1757 году поступил на службу в Кабинет приборным учеником. В 1783 году он был уже управляющим Монетным двором. В 1785 году императрица Екатерина II направила его на Алтай. Будучи начальником Колывано-Воскресенских заводов он ввёл трехсменный режим работы. В первую смену мастеровые трудились днём, во вторую ночью, в третью отдыхали, что позволяло им заниматься домашним хозяйством и в суровом алтайском климате готовиться к зиме. При нём были открыты Риддерский и Зыряновский рудники, построен сереброплавильный завод, который намеревались назвать Екатерининским в честь Императрицы, но Екатерина II изволила назвать его Гаврииловским в честь Гавриила Качки. При Качке открылось Барнаульское горное училище, в котором учились будущие камнерезные мастера.

Воронихин*- Андрей Никифорович (1759-1814) архитектор и создатель Казанского собора на Невском проспекте в Петербурге и построивший здание Горного Института, принимал участие в создании архитектурных ансамблей Павловска и Петергофа.

Шангин* Пётр Иванович. (1741-1816) минералог, ботаник, *«лекарский ученик»* при Барнаульском госпитале. Учился в Московском университете. На Алтае работал лекарем и занимался минералогией. Шангин расстался с медициной и возглавил одну из 9 поисковых партий отправленных на Алтай, в верховья Чарыша. В полученной инструкции ему предписывалось заниматься не только поиском минералов и камней. Начальнику поисковой партии поручалось изучать и вести запись: судоходны ли реки, пригодны ли земли под пашню, какие деревья и травы растут по пути маршрута и какие звери и птицы обитают, населены ли земли, кем населены, имеются ли развалины от строений, статуи и письмена на камнях...» В инструкции по изысканию камней и минералов говорилось: *«...если найдутся примечания достойные камни, то смотря по*

способности доставления их, как можно изрядной величины, хотя до аршина длиной и вышины, штуки доставить в ближайшие места, а коли через почты прислать бы их пробочки*».
Конечная цель поисковой партии была дойти до верховьев Коргона. Там свершилось открытие навсегда вписавшее имя Шангина в геологическую летопись Алтая. В его полевых записях этому открытию посвящена одна строчка: *«Утёс, состоящий из прекрасного фиолетового порфира.»*
От этого открытия, сделавшего Шангина знаменитым, отряд двинется дальше, в долину Коксы, спустится к Катуни и мимо подножия Белухи дойдёт до Бухтармы.
Впервые *«Дневные записки»* П.И. Шангина в 1793 г.были опубликованы не в России, а в 1796 году в Германии, позднее переведены на русский язык.
Пробочки-*камню, в размере удобном для коллекции, придавали прямоугольную форму и отшлифовывали одну из сторон.
Бакланов*Пётр Бакланов петергофский мастер гранильного дела. Ему подобрали дюжину учеников, владеющих грамотой, среди них был Филипп Стрижков. Петергофский мастер будет обучать молодых учеников *«каменной резке, шлифовке и полировке»*. Петербургский генерал-майор Соймонов лично подбирал ему людей знающих камнерезное дело. С Петергофской гранильной фабрики на Алтай были направлены камнерезный мастер Бакланов и подмастерья Денисов.
Стрижков* Ф.В. (1769-1811) Филипп Васильевич минералог, механик, камнерез, талантливый изобретатель. Ученик Бакланова. Организатор камнерезного дела на Алтае. Родился в семье мастерового. Начал работать, *«промывальщиком»*, на Змеиногорском руднике. Был учеником на шлифовальной мельнице при Локтевском заводе у мастера-камнереза Бакланова. В 1793 году изобрёл *«сверлильную машину»*. По его проекту была построена Колыванская шлифовальная фабрика. Он оснастил фабрику станками собственного изобретения. С 1802 года был управляющим Колыванской шлифовальной фабрикой.
Кваренги*- Джакомо Кваренги (1744-1817), архитектор. Итальянец. В России с 1780 года. Александровский дворец в Царском селе ныне г. Пушкин, Эрмитажный театр, Смольный институт в Санкт-Петербурге.
Росси*- Карл Иванович (1775-1849) российский архитектор. Русский музей, бывший Михайловский дворец, Знаменитая улиц *Зодчего Росси* в Санкт-Петербурге, Дворцовая площадь со зданиями и Аркой Главного штаба, ансамбль Российского академического театра драмы и площадь Ломоносова.

Иван Михайлович Ивачёв

В 1793 году в семье мастерового Змеиногорского рудника, **Михаила Осиповича Ивачёва** родился сын названный при крещении **Иваном**.

Небольшая экскурсию в родословную:
Старший брат Ивана Михайловича, Василий Михайлович родившийся приблизительно в 1781 году станет отцом Андрея (1811-1860) У Андрея Васильевича Ивачёва большая семья. Один из его сыновей Павел Андреевич (1840-1910). Истории семьи Павла Андреевича Ивачёва посвящена эта книга.
Родной брат Павла Андреевича, Лев Андреевич прадед Николая Дубовицкого по материнской линии (Н.Дубовицкий один из авторов этой книги). Родная сестра Павла Андреевича Анна (1849-1932) замужем за Василием Серковым. Дочь от этого брака Мария (1891-1971), замужем за Владимиром Лашковым (1890-1942).Мария и Владимир- родители Кирилла Владимировича Лашкова (К.Лашков один из авторов этой книги). По этой линии у Лашкова Кирилла Владимировича двойное родство с Ивачёвыми. Павел Андреевич Ивачёв был женат на Анне Аполлоновне Лашковой, она дочь священника Аполлона Лашкова (1840-1909) Его родной брат, Иван (1845-1916) приходится дедом Кириллу Владимировичу Лашкову.
Иван Михайлович Ивачёв* начинал познавать камнерезные работы при Филиппе Стрижкове*. Он прошёл весь нелёгкий путь предназначенный детям камнерезов. В 1805 году его отец каменодельный подмастерье Михайло Ивачёв обратился с Прошением к Горнозаводскому начальству:«*…собственным моим иждивением сын Иван научен читать и писать по-русски, арифметики и ныне начинает первую часть рисовальной книги рисовать, но совершенному доучиванию не нахожу ни каких средств».* Уважили просьбу старого мастера, испытали знания *«ученика камнерезного и шлифовального искусства»* Ивана Ивачёва и приняли его в Барнаульское Окружное горное училище. Позднее он станет художественным руководителем и первым учителем в камнерезной школе Колывани.

Под руководством унтер-шихтмейстера Колычева* добыли камень ревневской яшмы более 10 аршин, пригодный для изготовления большой вазы. По уточнённым данным случилось это в 1817 году. Предварительные обмеры показали, что из камня можно создать овальную чашу до 7 аршин по большому диаметру. В 1824 году из Петербурга для Колыванской шлифовальной фабрики поступил рисунок будущей вазы исполненный архитектором Мельниковым*.

К 1831 году обтесанный на месте камень двинулся на Колыванскую шлифовальную фабрику. Над изготовлением чаши трудились камнерезы всей Колыванской шлифовальной фабрики под руководством мастеров И.М.Ивачёва, И.С.Колычева, И.М.Коновалова*.

От начала, когда был добыт камень ревневской яшмы, до окончания работ по её изготовлению прошло 26 лет (у всех исследователей разные даты). Только в Феврале 1843 года чаша была отправлена в Петербург. Бесценный груз сопровождали И.Ивачёв и Н.Черемнов* В августе 1843 баржа с чашей пришвартовалась на Фонтанке у Аничкова моста. Потом её переместили к Зимнему дворцу. Выгрузили на набережную, но места во дворце для неё не предусмотрели. Пришлось разбирать часть стены Зимнего дворца и делать для чаши специальный фундамент.

Имя Ивачёва берггешворена 12 класса на вечные времена на пьедестале Колыванской вазы, в Эрмитаже, где она получила прописку под именем *«Царица Ваз».*

За доставку вазы из Колывани в Петербург Иван Ивачёв произведен в гиттенфервальтеры (10 класс) а Черемнову, который был из низшего сословия, присвоили звание унтер-шихмейстера.

Под руководством И.М.Ивачёва были выполнены медальоны на палевой яшме с эпизодами из Отечественной войны 1812 года по модели Ф.П. Толстого*

Толстой сделал проект. Камнерезную работу выполнял резчик Черемных, но тяжело заболел. Работу завершил Иван Михайлович Ивачёв. Над этим медальоном они трудились десять лет.

В 1843 году колыванские камнерезы, под руководством главного мастера Колыванской Шлифовальной фабрики И.Ивачёва, создали чашу из палевой яшмы диаметром 7 аршин (5 метров). проект Карла Росси, мастер И.М. Ивачёв.

Примечание: *Толстой** Фёдор Петрович (1783-1873) граф, скульптор, медальер живописец и график. Он создавал медальоны. Всего им исполнены 21 медальон, в память Отечественной войны 1812 года. С 1828 года он вице-президент Императорской Художественной Академии.

У графа Фёдора Петровича Толстого необычная биография. Он принадлежал к высокопоставленному дворянству. Имел графский титул. Ему с рождения уже предназначали высокие титулы при Царском дворе или на воинской службе. Родные и близкие желали видеть его военным. Но для первой воинской ступени ему понадобилось начальное образование и его поместили в Иезунтское училище города Полоцка. Почему Иезунтское и почему в Полоцк, о том история умалчивает. Но именно в этом училище у юного графа Толстого обнаружились художественные способности. Он стал рисовать. Граф-художник! По тем временам это было невозможно и несовместимо. Его быстренько перевели в Морской кадетский корпус, для того что бы будущего морского офицера, как можно дальше удалить от кистей, красок и карандашей. Пришлось ему подчиниться воле родных. Через два года графа Толстого выпустили мичманом в гребной флот, а он вместо гребного флота оказался вольнослушателем медальерного класса Академии художеств у Ореста Кипренского и подал в отставку. Ему говорили, что «этим поступком он унизил себя, нанёс бесчестие не только графской фамилии Толстых, но и всему дворянскому сословию».*

Но граф Толстой остался верен избранному пути, продолжил занятия в Академии художеств и более того определился на службу в Эрмитаже. Над серией событий 1812 года Толстой работал более двадцати лет. Его медальоны «Народное ополчение 1812 года» и «Родомысл» выполнили камнерезы Колывани. Толстой изобразил царя Александр I в образе древнеславянского божества Родомысла, олицетворяющего в понятии художника мудрость и, храбрость русского народа победившего в той войне. Кипренский* Орест Адамович (1782-1836) российский живописец и рисовальщик-портретист. Из его наиболее известных портретов: «Е.П. Ростопчина», «А.С. Пушкин» и «Автопортрет».

*Иван Ивачёв-*вначале упоминается он в Колывани, как камнедельный подмастерье. Это он вывез из Коргонской каменоломни заготовку на овальную чашу. Каменный блок весил около 100 пудов. В каменоломне его обтесали, для уменьшения веса и 19 января 1805 года овальная чаша было окончена и её с канделябрами повёз в Петербург Филипп Стрижков.*

1/. Колывань
Историческая справка. Осип Ивачёв-основатель династии камнерезов. 1802 г. Ф.В. Стрижков-основатель Колыванской шлифовальной фабрики. Камнерезная техника-искусство древних мастеров. История наждака. Наиболее известные чаши и вазы. Подарок Александра I. Колыванская чаша для Наполеона. Яков Протопопов в Париже. Кабинет Императорского Двора. Ивачёвы на Колывани. Судьба детей камнерезов мастеров. Горнозаводская школа. Ланкастерская система обучения. Царский Указ Министру императорского Двора. Освобождение крестьян. Указ 1861 года. Новые сословия на землях Кабинета. Пожары на Алтае. Высшее горное училище в Петербурге. П. Ивачёв в Горном училище Барнаула. Преподаватели:В.В. Петров-физик, Ренованц из Саксонии и его коллекция минералов, Л.С. Шангин и В.В. Радлов учитель немецкого языка. Этнограф С.И. Гуляев. Аттестат П. Ивачёва об окончании Училища. 1865 П.Ивачёв кандидат в горные уставщики. Этнографическая экспедиция В.В. Радлова. Ссыльный С.М. Дудин. Обращение П Ивачёва в Кабинет. О разрешении продолжить учёбу в Петербургской Академии художеств.

В те далёкие годы можно было увидеть девственные уголки природы не пострадавшие от рук человека. С тех пор прошло много времени. Теперь природа не соответствует тому, что было двести лет тому назад.

Увиденное глазами очевидца ценно ещё и потому, что более достоверного и красочного описания Колывани встретить не удалось. И так Павел Андреевич Ивачёв в начале XIX века.

«Колыванская шлифовальная фабрика лежит у самого подножия Алтайских гор, в 273 верстах на юг от города Барнаула и издавна славится своим красивым местоположением. Горы, обильно покрытые сосновым лесом, охватывают её с востока и северо-востока и представляют приятный тёмнозелёный фон, на котором рисуется красивая белая церковь, окружённая опрятными, свежими по внешности домиками жителей селения.

Фото: ретро Вид Колывани со стариной гравюры

Для едущего со стороны города Барнаула ровная безлесная степь оканчивается на последней станции перед Колыванью в деревне **Ручьёвой** и довольно быстро переходит в холмистую горную местность, покрытую различными кустарниками: черёмухой, акацией, рябиной, жимолостью и прочими. Чудная сочная трава, испещрённая массой различных цветов, множество горных ключей, пробивающихся наружу, необыкновенная

чистота воздуха, красивые повороты шоссе и наконец приятная свежесть. Даже самую жаркую пору, делают эту последнюю станцию одним из лучших по впечатлению проездов. Не доезжая 9 версты до Колывани и поднявшись из так называемых Ведявкиных логов, любитель природы будет решительно очарован развернувшейся перед его глазами

чудной панорамой гор. У подножия которых приютилось селение Колыванской фабрики.
Фото: *ретро Вид селения Колывань*
Слева тянется очень длинная и красивая Фабричная гора, покрытая сосновым лесом. Справа -целая гряда синеющих Гляденских гор идёт туда же на восток и, поворачивая немного влево, переходит в красавицу Синюху, составляющую центр пейзажа.
Имея 3631 фут высоты по Реновансу. Гора эта решительно доминирует над всем её окружающим и не даром носит своё название Синюха. Так как её красивый, синий силуэт виднеется за 150 вёрст не доезжая Колывани.
На фоне этой синей горы рисуется обнажённая от леса вершина небольшой горы это первый рудник, открытый Демидовым на Алтае в 1723 году. Отсюда началась жизнь Алтайских заводов и рудников, которые вначале назывались Колывано-Воскресенскими заводами.
На фоне этой самой Синюхи 178 лет тому назад дымилась и первая плавильная печь. Но вскоре она переведена была на соседнюю реку Белую, а в 1801 году уступила своё место Колыванской шлифовальной фабрике".

При упоминании Колыванской шлифовальной фабрики в памяти возникают великолепные художественные произведения из камня, находящиеся в Петербургском Эрмитаже. Мимо больших и малых чаш равнодушно невозможно пройти. Рассматривая узорчатую поверхность, возникает вопрос, как можно было из камня создать такое чудо! Ведь эти чаши и вазы, большие и малые, простой формы или невероятной сложности созданы из яшмы, не поддающейся обработке ни какими стальными инструментами. Каким бы маршрутом не двигаться по выставочным залам, рассматривая произведения искусства, собранные в залах Эрмитажа, миновать Колыванскую вазу, получившую имя «*Царица ваз*» невозможно. Даже зная технику камнедельных мастеров, глядя на «*Царицу ваз*» всё равно не укладывается в голове, как можно было сделать из такого прочного камня, каким является яшма, эти тонкие изящные линии, ложки и канелюры, выпуклые и вогнутые, строго параллельные, и расширяющиеся, декоративные листья и великолепные, будто живые лица сказочных персонажей. Их будто не вытачивали и не шлифовали. Они словно созданы из расплавленного камня застывшего по сказочному велению мастера десятки лет тому назад, что бы своим видом поражать посетителей своей неповторимостью. Чаша-мечта о прекрасном, застывшая навечно в цветном камне, который сам по себе уже загадка. Как могла появиться на свет, из какого волшебного рога изобилия, эта цветная гамма красок, морской пенистой волны, набежавшей на берег и остановившая свой бег, что бы теперь бесконечно удивлять своей неповторимой красотой. Посетитель узнает где и когда добыт каменный блок, кто добытчик камня, как его нашли, и смогли не повредив отделить от материнской скалы. За десятки вёрст через горы и долины, через ручьи и бурные реки, или зимой в невероятный сибирский мороз, когда реки промерзали до дна, лошади не выдерживали, и тогда впрягались люди и бережно доставляли ещё только грубо обработанный каменный блок на фабрику. Мастера уже знали, видели через необработанную поверхность черты юной царевны и готовы были годами трудиться, что бы показать её истинное прелестное лицо. Работали безостановочно, не щадя себя, за жалкую плату, охваченные страстным желанием, показать миру нечто сказочное скрытое каменной грубой оболочкой. Не все ваятели выдерживали этот труд, не все были рядом из тех первых, когда появилось на свет долгожданное чудо. Не все из той первой когорты мастеров-камнерезов, которые глядя на архитектурный чертёж, двадцать лет тому назад, прикоснулись к каменному блоку и миллиметр за миллиметром стали снимать грубую каменную оболочку, под которой они уже видели, то что доступно видеть только истинным мастерам искусства.

Удивительно, что камнерезными секретами овладели ещё в древнем мире. Тому свидетельства археологические раскопки. В каменном веке люди одевались в шкуры диких животных, но из прочного нефрита, мало чем отличающегося по твёрдости от яшмы, могли уже вытачивать великолепные топоры, которые в своём первозданном виде сохранились до наших дней, как музейные редкости и вещественное доказательства человеческих возможностей. Египтяне сделали саркофаг в пирамиде Хеопса. До сих пор учёные ломают голову, как им удалось из прямоугольного каменного блока аккуратно вынуть середину. Вырезали, аккуратно словно каким то волшебным ножом.

Вначале XVIII века камнерезное искусство на Руси, под влиянием Западной моды, стало возрождаться. Была открыта Петергофская и Екатеринбургская гранильные фабрики. На Алтае исполнены первые опыты по обработке камня на Локтевском заводе.

Фото:ретро. *Окрестности Колывани Видна гора «Синюха»*

В 1802 году Ф.В. Стрижков построил Колыванскую камнерезную фабрику. В отличие от Петергофской и Екатеринбургской камнерезных фабрик, занимающихся изготовлением не больших каменных изделий, на Колывани приступили к работе над крупными вещами.
Из Кабинета стали поступать заказы на колонны для дворцов. Это была тяжкая работа. Надо было разыскать в горах нужный каменный блок, отделить его от скалы и в целости и сохранности через бурные ручьи и речки, через перевалы и долины доставить на шлифовальную фабрику. Вся работа от начала добычи и на фабрике, производилась вручную. На крутых горных перевалах лошади не выдерживали и тогда впрягались люди.

Фото:ретро. *Колыванская фабрика зимой.*
За тридцать лет напряжённого труда на Колыванской шлифовальной фабрике созданы:

Многие великолепные изделия из яшмы, порфира и брекчии. Приведём для примера наиболее известные:
1806 г. - Квадратная чаша из коргонского синефиолетового порфира
до Петербурга её везли почти полгода. Сопровождал колыванский отдельщик Яков Протопопов*.
В 1806 году царь Александр I подарил эту чашу Наполеону.
1816г - Чаша овальная из ревневской яшмы с бронзовым верхом отправлена в Англию.
1826г - четырёхугольная чаша из голубоватого порфира подарок принцу Орлеанскому
1828г - Чаша серо-фиолетовой коргонской яшмы для прусского короля.
1829г - ваза из розового агата отправлена в Германию барону Александру Гумбольдту*
1836г - Четырёхугольная чаша зеленоволнистой струистой яшмы шведскому королю

Примечание: Гумбольд Александр (1769- 1859) немецкий естествоиспытатель, географ путешественник Почётный член Петербургской Академии наук (1818) Его научный труд: *«Путешествие в равноденственные области Нового света»* в тридцати томах, на страницах, которого Урал и Сибирь.

Кабинет Императорского двора*

Так называлось государственное учреждение Российской империи созданное при Петре I. Первоначально это была личная канцелярия императора, исполняющая обязанности управления императорской казной и имуществом.

Земли, которыми владела царская фамилия стали называть Кабинетскими.
Это была личная собственность Романовых в России, на Алтае и в Забайкалье.
На Алтае, на землях Кабинета добывали руду в шахтах и рудниках, на Колыванской Шлифовальной фабрике трудились, приписанные *«навечно»* к кабинетским землям удельные крестьяне.

После того как стараниями бергаеров в горах находили скалу, из которой при первоначальном осмотре и обмере можно было добыть каменный блок, приступали к отделению его от скалы.

На месте добычи каменного блока, старались уменьшить его вес и обтёсывали со всех сторон. На шлифовальной фабрике приступали к обработке согласно чертежам и рисункам.

Каждый, кто впервые видит художественные изделия из камня, задаётся вопросом: как из такого твёрдого материала могли сделать изящную вазу с рельефными изящными поверхностями? Даже представить себе не возможно, как отделить камень нужной величины от скалы, от каменной глыбы, какими инструментами обтесать его, сделать на поверхности рельефный рисунок? Чем распилить заготовку? Или даже не задумываются над этими вопросами, надеясь, что современная техника способно на всё. Но ведь подобные чудесные вещи находили и находят при археологических раскопках.
Уже тогда древние умельцы владели секретами распиловки и обработки камня, но как они это делали?

В VIII главе книги «Колыванская шлифовльная фабрика на Алтае» 1902 г. На стр. 72-74 автор Павел Андреевич Ивачёв сообщает: *«...Археологи не дают ответа на этот любопытный технический вопрос. Но если вспомнить, что на некоторых островах греческого архипелаг , как например, на острове Наксосе, есть обширное месторождение наждака, который по твёрдости превосходит все минералы , за исключением одного алмаза, то вопрос решается очень легко. Если люди каменного века умели выбирать себе для инструментов самые твёрдые камни: кремень, нефрит и прочие, то не естественно ли предположить, что финикяне или египтяне с давних пор пользовались наксоским наждаком, как необходимым материалом при обработке твёрдых камней. К тому же Наксос находился как раз самом центре тогдашнего мира и невозможно предположить, чтоб его наждак, этот драгоценный материал для каменного дела, ускользнул от внимания ловких и изобретательных финикян или даже самих египтян. Имея в руках такой незаменимый материал, древние народы поставили искусство обделывать камни сразу на прочную основу. Работа наждаком была вероятно очень проста: стоило привязать к палке остроконечный кусок наждачного камня и инструмент для обделки гранита готов. Все неровности отбивались этим инструментом очень скоро; если таковой притуплялся со всех сторон. его разбивали на более мелкие куски, которые снова ущемляли небольшими палочками и получали новые инструменты, годные для выделки уже подробностей изваяния.*

Затем не могли не заметить, что если порошком наждака тереть, при помощи пальмовой, костяной или медной палочки, грубо обработанный гранитный камень, то этот последний делался всё ровнее и наконец становился гладок, как стекло. Частички мелкого наждака при трении вдавливаются в обрабатывающий инструмент и, держась в нём некоторое время, царапают камень, снимая с него выступающие неровности. Таким образом, если взять большую деревянную доску, положить её на поверхность камня, который желают выровнять, подсыпать под доску наждака и, подлив немножко воды, начать двигать взад и вперёд, то будет истираться не деревянная доска, а камень. И так древним египтянам не нужно было иметь никаких твёрдых металлов для выделки своих сфинксов, кроме незаменимого наждака с соседнего острова.

Греческая скульптура, зародившееся ещё в доисторическую эпоху, не могла бы достигнуть так скоро своей высоты, если бы грекам не был известен наждак.

Токарные станки доля обточки гончарных изделий были известны уже в Египте, поэтому легко себе вообразить подобный станок для обточки камней. От колеса, приводимого в движение ногой, быстро вертится другое маленькое колесико, сделанное из кости или меди; если это последнее помазать наждачным порошком с водой и подложить самый твёрдый камень, то он быстро станет истираться.

Греческие художники, вырезывая портреты на своих камеях, не могли бы дойти до такого совершенства, если бы не имели помянутых примитивных машинок и наждака.

С тех отдалённых времён принципы обработки твёрдых камней не изменились и до настоящего времени остаются одни и те же.

Примечание: Бергаер*- горный служитель
Кабинет*-Предписание Кабинета*от 1853 года. «...*принять на будущее время по Колыванской шлифовальной фабрике заправило, что бы на плитах ваз, чаш, канделябров и пьедесталов означено было, высечено буквами название фабрики, время начатия и окончания изделий их обработкою, а так же имя мастера*».

При Петре I наждак покупали за границей. Называли его *«немецким»* Стоил он очень дорого. Но в 1812 г. в окрестностях Екатеринбурга в 40 верстах от Горнощитского завода обнаружили месторождение наждака. С той поры в обработке каменных изделий на Колывани, в Екатеринбурге и Петергофе стали пользоваться *«русским»* наждаком, стоимость которого была намного ниже привозного заграничного. После того как Стрижков и Лаулин построили машины, заменившие тяжкий ручной труд мастеров-камнедельцев, используя для работы созданных ими машин движущую силу воды, обработку камней стали делать намного быстрее. Поэтому шлифовальные и гранильные фабрики строили возле рек. Первоначально строилась плотина собирающая воду и от мельничного колеса завертелись созданные русскими умельцами машины.

Ивачёвы в Горной Колывани
Горная Колывань расположена на Кабинетских землях, то-есть на земле принадлежащей царской фамилии. На реке Белой сделали плотину. Построили здание шлифовальной фабрики. Переселили крестьянские семьи. Среди переселенцев прибыло несколько семей Ивачёвых. Первым Ивачёвым на колыванской земле упоминается Осип Ивачёв родившийся в 1721 году. Его сын Михаил стал родоначальником династии Ивачёвых на Колывани. Внук Михаила Андрей Васильевич Ивачёв (1811-1860) был женат на Прасковье (1817-1897). Он умер рано 49 лет от роду, оставив сиротами большую семью. По одним данным в семье было 7 детей, по другим 8. Возможно эта разница связана с приёмным сыном Василием. Далее по тексту будут упоминаться дети Андрея и Прасковьи Ивачёвых: Павел, Пётр, Лев и Анна.

4 ноября 1844г. в селении Колыванской Шлифовальной Фабрики Томской губернии в семье Андрея Ивачёва родился сын Павел. Крещён 6 ноября.

По Указу Кабинета Его Императорского Величества 8-летних мальчиков забирали из семьи заводских крестьян, для обучения ремеслу. Юные *«школьники»* учились тесать камни, шлифовали и полировали порфиры и яшмы. Наиболее способных учеников, принимали в горнозаводскую школу. В школьную программу входило: чтение, письмо, арифметика, алгебра, геометрия, рисование, черчение, и практическое распознавание руд. По этой программе готовили будущих мастеров камнерезного дела и не только учили ремеслу, но и заботились о их пропитании.

«Школьникам» платили жалованье по 3 рубля 60 копеек ассигнациями в год и, по одному пуду муки в месяц.

Детей солдат и мастеровых с 9 летнего возраста записывали в *«рудоразборщики и промывальщики»*. Они получали от 3 до 7 копеек в день и паёк.

Такие условия были для крестьян, приписанных к Кабинету в отличии от барщины на помещичьих землях.

По достижении 18 летнего возраста молодые люди, не проявившие особых способностей, становились рабочими, или солдатами Колыванского заводского батальона.

Лучшие по успеваемости, переводились в *«ученики»* горного и заводского производства. Способные ученики постигали тайны камнерезного искусства и им доверяли обработку вещей для царского дворца.

Полученные знания в школе, камнерезная работа по чертежам и рисунками, прибывших из Петербурга, и сделанных известными Петербургскими архитекторами, работа над прекрасными вещами, облагораживали мастеровых. Всем своим обликом и манерами они на зависть своим сверстникам, выделялись среди рабочей массы Колывани.

На Колыванской земле ценилась потомственная принадлежность к камнерезному делу. Формировались профессиональные династии. В таких семьях отцы стремились дать своим детям образование, в отличие от заводских крестьян, считавших обучение детей обузой, и потерей для крестьянской семьи полезного работника.

Горнозаводская школа на Колыванской шлифовальной фабрике открылась в 1838 году.

Школа, в которой учился Павел Ивачёв*, имела двух преподавателей. Старший преподаватель получал 500 рублей ассигнациями в год, младший-100 рублей и по два пуда провианта в месяц. Законоучитель получал жалованье 120 рублей.

Учащимся выдавали в месяц, по пуду муки и по 30 копеек жалованья. Дети сироты, потерявшие своего отца-кормильца, кроме положенного провианта для всех школьников, получали 1 рубль в месяц.(Павел Ивачёв и все его братья и сёстры были сиротами и эти льготы распространялись на них).

Обучение в школе велось по *Ланкастерской системе**, по сокращённой академической программе. Рисованию и черчению уделялось большое внимание. Школьники осваивали перспективное рисование простых геометрических тел, рисование прямых и кривых линий, линейные и объёмные зарисовки изделий, черчение и чтение чертежей, работу карандашом, тушью, акварелью.

Через 3-4 года учения по такой сложной программе, лучшие выпускники школы отправлялись в Барнаульское окружное* горное училище, остальные в подростковом возрасте поступали на шлифовальную фабрику, где, их так и называли *«подростками»*, и начинали работать *«подмазчиками»* при изготовлении важных ответственных заказов. Рабочими они становились по достижении 18 лет. Срок службы рабочего был 42 года, и заканчивался по достижении 60-летнего возраста. При императоре Николае I срок службы рабочим был сокращён до 36 лет.

В 1856 году при Колыванской шлифовальной фабрике открывается *Рисовальный класс,* главным предметом которого становится рисование орнаментов и гипсовых фигур, лепка гипсовых фигур и орнаментов, резьба печатей и мелких украшений на камне и два, а то и три раза в неделю практические работы на фабрике.

Примечание: Ланкастерская система*, была разработана английскими педагогами А.Беллом (1753-1832) и Дж. Ланкастером (1778 1838). Система применялась в начальных школах России с 1818 года. По этой системе старшие и более знающие ученики, под руководством учителя, вели занятия с одноклассниками и младшими школьниками. В советское время по этому принципу были организованы занятия с *«отстающими»*.

Окружное* горное училище. Окружное училище от слова Округ. По административному делению Барнаул был во главе Барнаульского Округа.

Вместе с Павлом Ивачёвым в этой школе учился Ваня Стрижков. Его имя много раз встретиться на страницах этой книги. Дружеские связи Ивачёвых и Стрижковых сохранятся на многие десятилетия. Например, Ивачёвы и Стрижковы в послевоенные 50-е годы поддерживали дружественные взаимоотношения в Семипалатинске.

Освобождение крестьян.
Освободить крестьян от крепостной зависимости в России намеревались ещё при императоре Александре I. Но Романовы не решились на эту реформу. Освобождая крестьян, они лишали дворян источников дохода. На землях Романовых то же трудились подневольные крестьяне. На фабриках и заводах, в рудниках и возле плавильных печей трудились подневольные люди *«навечно»* закреплённые за определённым хозяином: помещиком или заводчиком. В армии служили солдаты призванные на службу по рекрутскому набору, с помещичьих земель.

В то время в Западной Европе крестьяне были свободными. В Германии, при освобождении бывший крестьянин назывался бароном. В старых документах и на могильных плитах можно и сейчас ещё встретить первоначальное название Freiherr, (*свободный господин*) равнозначное слову барон. Из-за крепостнического строя, Россия отставала от европейских государств на сотню лет.

Особенно это отставание проявлялось в войнах. Крепостной строй был причиной поражения России при Николае I в Крымской войне.

В конце 1857 года царь Александр II заявил о своём намерении дать волю крестьянам. Министру Императорского Двора графу Адлербергу было дано царское указание, приступить к разработке мероприятий по отмене крепостного права. Но большинство помещиков России было против этого царского решения. Освободить собственных крестьян от труда на помещичьей земле! А кто будет землю пахать, хлеб сеять, за скотом ухаживать?

И тогда царь Александр II, являясь первым помещиком в государстве, решил действовать личным примером. Как писал министр Императорского Двора Адлерберг сообщая волю Государя: *«Императору благоугодно, что бы имения Его Величество были первым примером в указанных улучшениях».*

В 1858 г. был создан Особый комитет для выработки реформ в отношении государственных, удельных и горнозаводских крестьян, под председательством министра Императорского Двора графа Адлерберга.

Член Кабинета Его Императорского Величества Соколовский* высказал своё мнение, о мастеровых и крестьянах, приписанных к заводам: *«Весьма важно, по возможности не изменять нынешнего способа использования заводских работ от времени и местных обстоятельств... и вообще не нарушать прежней связи рабочих с заводовладельцами».* Проект обсуждался в Горном совете Алтайского горного округа. Горнозаводская администрация разделилась на *«либералов и крепостников»*. *«Либералы»* соглашались о невыгодности подневольного крепостного труда, ратовали за личное освобождение мастеровых и переход к вольнонаёмному труду. *«Крепостники»* стояли за сохранение прежних порядков. Горный совет предложил отсрочить проведение Проекта в жизнь, опасаясь, что *«многие пустятся в бродяжничество, и конокрадство. И нельзя ручаться, что не будет грабежей и разбоев»*. Несмотря, на эти разногласия в Горном совете Алтайского горного округа Проект был принят.

8 марта 1861 года был дан Царский Указ на имя министра Императорского Двора:

«На нижних и рабочих чинов Алтайского и Нерчинского округов, Колыванской шлифовальной фабрики и Екатеринбургской гранильной фабрики распространить, как в отношении прав личных, по имуществу и по состоянию, так и в отношении устройства хозяйственного быта и общественного управления, Правила установленные в Положении для горнозаводских заводов, с тем, что горнозаводское население Барнаульского

*сереброплавильного завода и Екатеринбургской гранильной фабрики, по нахождению оных в городах, причислили к сословию **городских обывателей**, всем же прочим горнозаводским людям присваиваются права **свободных сельских обывателей**».*
К этим последним относились жители села Колывань.

В соответствии с Царским Указом мастеров Алтая освобождали в три этапа: в 1861 г. прослуживших 20 и более лет. В 1862г прослуживших не менее 15 лет. В 1863 подлежали освобождению все остальные.

При освобождении приписных крестьян, главным оставался вопрос о земле. Решение этого вопроса определяло степень их личной свободы и условия их существования. Барнаульские мастеровые были переведены в состав *городских обывателей*, то-есть *мещан*, без пахотной земли и сенокосных угодий. Земли под сенокос получили только те мастеровые, которые оставались работать на сереброплавильном заводе. Но таких было меньшинство. Большинство мастеровых-горожан Барнаула держали в своих хозяйствах скот, без которого выжить в тех климатических условиях было не возможно. Не имея возможности содержать домашний скот, мастеровые стали покидать Барнаул. Горное ведомство старалось закрепить на заводе квалифицированных рабочих. Им обещали определённые льготы.

Каждому мастеровому, работающему на заводе не менее 3-х лет или зачисленному на 3 года работы на заводе, предоставлялось право вместо рекрутской провинности внести за себя 300 рублей и не идти на военную службу.

Введены были новые условия приёма на работу: нанимали одиночных мастеровых или целую артель. Контракты подписывались сроком от одного до трёх лет.

Имея дело со свободными людьми, Кабинет был вынужден увеличить оплату за выполненную работу. Если до Реформы плавильщик получал 12 рублей в год, то в 1864 г. от 80 до 100 рублей. Машинист соответственно 9 и 96 рублей. Шлаковоз вместо 5 до 50 рублей.

Менялись укоренившиеся веками взаимоотношения между крестьянином и барином-помещиком, между рабочим и фабрикантом-заводчиком.

Свободу для народа намеревались дать дворяне-декабристы, о свободе мечтали просвещённые литераторы-интеллигенты. Свободу для народа обещал Емельян Пугачёв, совершивший бунт против угнетателей. И вот она Свобода крестьянам дарованная царём-батюшкой.

Но теперь одни не знают, как этой свободой пользоваться, другие не знают, кто теперь им помещикам, будет землю пахать, хлеб убирать? Кто будет в Колывани выполнять тяжкие камнерезные работы на Шлифовальной фабрике? Кто теперь, выполняя заказы Кабинета, будет в любое время года добывать каменные монолиты вдали от жилых мест, и доставлять их на фабрику, за ту малую или незначительную оплату их доселе подневольного труда?

На Колыванской земле все эти проблемы сплелись в один клубок. А царские заказы из Петербурга никто не отменял. Но кто их будет теперь выполнять? Если рабочие и мастера, получив свободу, не станут заниматься этим тяжким изнурительным делом? Но, судя по воспоминаниям старожилов и по архивным документам, значительных конфликтов между вчерашним работодателем и работоисполнителями не произошло. Истинные мастера-камнерезы, годами работавшие над каменными монолитами, вложившие в изготовление очередной вазы свою душу, не могли оставить начатую работу. Потомственная профессия, честь мастера не позволяли им бросить своё каменное детище на произвол судьбы.

Когда улеглись страсти и начали люди приспосабливаться к новым условиям существования, начались пожары. В 1863 году дважды возникал *пожар в здании Алтайского Горного правления. Там горели Дела приписных крестьян. Виновных не нашли. В августе 1864г заполыхали пожары в Барнауле, сгорели 60 лучших домов.*

Среди погорельцев инженеры: Платонов, Сохинский, Давыдов, Рекс, Пранг; купцы: Басин, Зуев, Щеголева...
*Сгорели Дела приписных к Кабинету крестьян, сгорел дом генерал-майора А.**Е**.Фрезе.*
Пожары были и в других селениях Алтая. Например, в Сузуне.
Запустить *«красного петуха»* соседу, и тем самым отомстить обидчику, случалось не только в России. Горели не только хижины, горели дворцы во все времена и у всех народов. А как понять эти пожары на Алтае? Кто виноват? Стали искать поджигателей. В пожарах обвинили группу ссыльных и предали их суду и осудили.
Кабинет выделил для погорельцев 5 000 рублей и возместил погорельцам убытки.
Жизнь на Алтае входила в свою новую не привычную колею.
Школьные годы Павла Ивачёва совпали с этим переломным моментом в истории России. 23 августа 1857 года, учитывая его успехи в учёбе, направили Павла Ивачёва для продолжения учения камнерезному делу в Барнауле. Теперь ему предстояло учиться в Окружном Горном училище*, где по столичному примеру, обучали молодых людей горному делу и судя по программе давали приличное образование. Отдалённость Алтая от Санкт-Петербурга, дикие условия жизни, с жестокими морозами, когда реки промерзали до дна и жизнь замирала до весеннего таяния снегов и короткого лета, были не помехой. Каждый рачительный хозяин на Руси знал, что *летом один день-год кормит* и старались всеми силами подготовить своё нехитрое хозяйство к длительной зимовке. *Сани готовили летом, а телегу зимой.*
В таких экстремальных условиях, примитивными инструментами, приходилось исполнять заказы Кабинета его Царского Величества. Для этого и было создано Горное училище в Барнауле, далеко от Петербурга, но поближе к Колывани, к Шлифовальной фабрике, к каменоломням и заводам, на которых придётся трудиться молодым людям после окончания учения.
Примечание:
В 1779 году в Санкт-Петербурге было открыто Высшее горное училище, позднее преобразованное в Горный кадетский корпус. Учебная Программа, по которой готовили будущих горных инженеров, свидетельствует о получении солидного образования:
Русская грамматика, Арифметика, Геометрия, Алгебра, Физика, Химия, История, Немецкий язык, Французский язык, Латинский язык, Логика, Риторика, Рисование, Черчение, Закон Божий, Маркшейдерское (горное дело), Механика, Общая и горная Архитектура, Пробирное искусство, Металлургия, Геогнозия (Геодезия) и др.
В 1779 году приступили к строительству Высшего горного училище в Барнауле. Построили быстро. Училище начало функционировать с 1785 года.

В Барнаульское Окружное горное училище принимались учащихся имеющие начальное образование. Программа была рассчитана на 5-6 лет. Лучших учеников намеревались посылать в Санкт-Петербург, где они, проучившись ещё 2-3 года, получали Диплом инженера и как было заведено в те царские времена, имели специальную форму одежды горных инженеров.
Программа, в училище, по которой учили новоприбывших в Барнаул учеников, была внушительной:
арифметика, черчение, рисование, чистописание, делопроизводство,
геометрия, алгебра, физическая география, геодезия, маркшейдерское искусство,
приготовление моделей, геогнозия, горное искусство, французский язык, немецкий язык,
закон Божий, счетоводство, минералогия, горная механика.
По всем этим предметам юный Павел Ивачёв в течение 7 лет учёбы успешно занимался. Среди его наставников были: коллежский асессор Мартов, архивариус Шрамм, пастор Габриэль, В.В.Петров*, О.С.Осипов, Л.С.Шангин*, И.М.Реневанц*....и учитель немецкого языка В.В.Радлов*,
Примечание: Для Горного училища Кабинет приобрёл у И.М.**Реневанца*** его редкостную коллекцию минералов и штуфов, предназначенную для учебных целей. Авторское описание

коллекции на немецком языке занимало 80 страниц, в коллекции 2300 образцов минералов собранные им со всего света. Реннованц выпускник Саксонской Горной Академии.
Петров* Василий Владимирович (1761-1834) физик, один из первых электротехников. академик Петербургской академии наук (1809). В 1802 году он открыл электрическую дугу и указал на возможность её практического применения. В 1788-90 годах В.В.Петров преподавал в Барнаульском горном училище.
Общеобразовательные дисциплины в училище преподавали выпускники Московского университета. Иностранные языки вели пасторы барнаульской лютеранской церкви. Немецкий язык преподавал В.В.**Радлов**1837-1918 (Фридрих Вильгельм), выпускник Берлинского университета, академик Петербургской академии наук (1884)

Подробностей жизни Павла Ивачёва в Барнауле не сохранилось. Но можно догадываться, как ему сироте из многодетной семьи дались эти годы учёбы, вдали от родных мест. Но вот уже за спиной семь лет напряжённого труда. Летом 1864 года начались выпускные экзамены. Сдаёт экзамены Павел Ивачёв успешно.
Знания на выпускном экзамене оценивались по десятибалльной системе.

Аттестат № 170
Горному кандидату Павлу Андрееву Ивачёву в том, что он во всё время нахождения в Барнаульском Окружном училище с 23 Августа 1857 года по 15 Августа 1864 года воспитанником при отличном поведении обучался в преподаваемых предметах с успехами очень хорошими и получил по выпускному экзамену следующие балы:

из Закона Божия- 10
Русской грамматики- 10
Арифметики -9
Черчения -9 1/2
Рисования -10
Чистописания -10
Делопроизводства -10
Геометрии -9
Алгебра -9 1/2
Физической географии -10
Геодезии -9
Маркшейдерского искусства -9
Приготовления моделей -10
Геогнозии- 9
Горного искусства -10
Французского языка- 9 1/2
Немецкого языка -10 и
<u>*Хорошими:*</u>
Счетоводство -8
Минералогии- 7
Горной механики -7
  В 1859 г. за очень хорошие успехи и благонравие награждён был книгою.
Кончил полный курс наук в Барнаульском Окружном училище и практических его отделениях, выпущен на службу Кандидатом.
В чём свидетельствуется с приложением казённой печати.
Г. Барнаул Сентября 10 дня 1864 года
Подлинное подписали:
Инспектор учебной части
Алтайского горного Округа подполковник Васильев
Управляющий Барнаульским Окружным училищем подполковник Ярославцев.
Верно: Начальник отделения Статский Советник (подпись)

По окончании полного курса наук в Барнаульском Горном окружном училище, Павел Ивачёв был выпущен на службу кандидатом в горные уставщики и определён подлесничим Сузунского Лесничества Алтайского округа, для работы на Сузунском сереброплавильном заводе.
Примечание: Окружное училище. Окружное от слова Округ. В то время Барнаул был центром Барнаульского округа.
Павлу Ивачёву 20 лет. После окончания учёбы побывал он в Колывани. Встретился с родными и близкими.
Сходил на кладбище к могиле отца Андрея Ивачёва
Знакомыми тропинками поднялся на окружающие Колывань горы. С высоты видны были далёкие дали горной Колывани. Что ждёт его впереди? Для него подходящей работы на Шлифовальной фабрике нет. Надо ехать на работу по Предписанию. Что-то ждёт его впереди. И поехал Павел Ивачёв в Сузунское лесничество исполнять службу подлесничим на Сузунском заводе.
Среди преподавателей Барнаульского Горного училища был **Радлов** Василий Васильевич. Собираясь в длительную экспедицию по Алтаю, он набирал людей для выполнения полевых работ и для оформления собранных материалов ему нужен был художник.
Радлов ещё по училищу отметил незаурядные способности своего ученика, отыскал его в Сузунском лесничестве и внёс имя Павла Ивачёва в состав экспедиции. Ивачёв не мог так просто покинуть место работы. Пришлось Радлову обращаться в Кабинет Его Императорского Величества.
В 1865 году последовало Предписание из Кабинета. *Ивачёв отправляется с доктором-филологом Радловым для учёных исследований по Алтаю*. Экспедиция была этнографическая. Занимались изучением памятников Горного Алтая дошли до Телецкого озера и повернули обратно.
Примечание:
Радлов Василий Васильевич
Настоящее его имя Фридрих Вильгельм Радлов. Родился он 5 января 1837 года в Германии. Учился в Берлинском университете. Окончил отделение восточных языков. И решил посвятить свою жизнь изучению тюркоязычных народов. В 1859 году он приехал в Санкт-Петербург, принял присягу на подданство России и поехал в Горный Алтай, имея на руках Поручительство и рекомендации от Азиатского департамента министерства иностранных дел, от Императорского археологической комиссии в лице С.Г.Строганова, и от начальника Алтайских заводов А.Фрезе. И.И. Радлов был зачислен на действительную службу в штат Алтайских горных заводов преподавателем немецкого языка Барнаульского окружного горного училища.
В 1860-1970 годы, каждое лето он совершал путешествия по Алтаю, позднее по Сибири, побывал в Казахстане, был в **Каркаралинске**. Собирал материалы по фольклору, этнографии, и археологии тюркских народов. В его путешествиях принимали участие: лекарь Ю.Людвиг, Г. Менье, Л.Эйхталь, К.Нейман. Исследователь Сибири, этнограф, фольклорист и лингвист С.И. Гуляев*, в 1863 году сообщал Русскому Географическому обществу «*...из других лиц, занимающихся географическими, статистическими, и этнографическими работами, позволю себе указать на учителя немецкого языка в Барнаульском Горном училище, доктора философии Радлова*».
Примечание:
Степан Иванович Гуляев* (1803-1888гг) с 1827 по 1859 г служил писцом в Горном отделении Кабинета Его Императорского Величества. С 1859 года он возглавлял в Алтайском Горном округе «*золотой стол*» - отделение частных золотых приисков. Его сын Н.С. Гуляев в соавторстве с П.А. Ивачёвым написали книгу «*Колыванская шлифовальная фабрика*» к её 100-летию. Барнаул. 1902г.
Павел Ивачёв находился с доктором-филологом в командировке с 15 мая по 17 августа 1865 года. Наверное, это участие Павла Ивачёва в экспедиции Радлова было не случайным. Радлов знал Ивачёва по его учёбе в училище и обратил внимание на его незаурядные художественные способности ученика. Такие художники, для составления экспедиционных альбомов с рисунками, были необходимы. Весь летний полевой сезон 1865 года, с 15 мая по 17 августа, работал Павел Ивачёв в экспедиции под началом Василия Васильевича Радлова. Много полезного для себя узнал Павел Ивачёв, от близкого общения с разносторонне одарённым человеком каким был Радлов.

Радлов старше Павла на 7 лет. Разница в возрасте небольшая. Но какие знания у Василия Васильевича. И он не Василий Васильевич. Он Фридрих Вильгельм Радлов. Родился в Берлине. Учился в Берлинском Университете. И там получил образование. Разве такое возможно для Павла Ивачёва? Радлов уверяет что возможно. Надо только стремиться к этому. Для начала ему Павлу Ивачёву надо попасть в Петербург. Там Высшее Горное училище. И не оставлять своих занятий по рисованию. С такими рисунками прямой путь в Академию художеств.

С 15 мая по 17 августа, в условиях экспедиции по таёжным дебрям и степным просторам, общались они: доктор философии выпускник Берлинского университета Фридрих Вильгельм Радлов будущий академик и безвестный выпускник Барнаульского окружного горного училища Павел Ивачёв кандидат в горные уставщики в должности подлесничего Сузунского лесничества Алтайского округа. Только три месяца. Но эти три месяца общения с Радловым, стали для Павла Ивачёва памятной вехой на его жизненном пути. Расстались они осенью. На прощание Радлов напутствовал Павла Ивачёва: В Петербург, и только в Петербург! И уверял своего ученика, что там перед ним откроется новый мир, в котором он найдёт себя. Фридрих Вильгельм Радлов доктор философии, а по простому Василий Васильевич запомнился Павлу Ивачёву на всю жизнь.

Радлов запомнился не только Павлу Ивачёву. Радлов умел находить нужных ему людей. Искал он их и находил среди молодых подающих надежды. Однажды состоялась встреча Радлова с неким ссыльным С.М. Дудиным, который за участие в революционном движении был арестован и сослан в Сибирь под надзор полиции. Дудин увлекался фотографией. Фотограф был необходим в экспедиции. Но Дудин ссыльный! Радлов добивается разрешения для участия Дудина в Орхонскую экспедицию в качестве фотографа и рисовальщика. Позднее, став директором Музея антропологии и этнографии (МАЭ) доктор Радлов получает разрешение поселиться Дудину в Петербурге. Новый сотрудник С.М. Дудин принимает участие в научных проектах музея. Более того Радлов помогает бывшему ссыльному поступить в Императорскую Академию Художеств. где Дудин был учеником И.Е.Репина. После окончания Академии в 1897 году, Дудин работал книжным графиком и постоянно принимал участие в экспедициях МАЭ по изучению древних памятников Центральной Азии. Его фотографии непревзойдённый документальный источник информации того степного мира, которого уже нет. Экспедиция Радлова побывала в **Каркаралинске**, мимо которого не проехал никто из учёных-путешественников. В 1899 году Дудиным отсняты четыре мазара погребённых султанов, волостных правителей, таинственные каменные развалины то ли дворца, то ли буддийского храма в горах Кента неподалеку от **Каркаралинска,** все достопримечательности встречающиеся на его пути и ценные бытовые сцены из жизни степных кочевников. Великолепные фотографии, выполненные в полевых условиях, когда передвигались на лошадях, зачастую не имея достаточного запаса воды, необходимой для обработки негативов и фотографий, но и для питья. (Один из авторов этой книги **Николай Дубовицкий, жил в Каркаралинске.** Будучи школьником увлекался археологией. Читал и изучал соответствующую литературу. Имя Радлова в то время Н.Дубовицкому было знакомо. Но он запомнился ему как Василий Васильевич Радлов русский учёный. И вот невероятная встреча через годы и расстояния. Оказывается Павел Ивачёв предок Н.Дубовицкого был учеником Радлова и работал под его руководством в этнографической экспедиции.

Одиннадцать раз выезжал Радлов в экспедиции. К ним он готовился зимой. Составлял планы полевых работ, изучал историю и современное положение тюркских народов Сибири, разговорные тюркские языки и диалекты, обобщал полевые материалы, готовил научные отчёты и публикации. Итоги многолетних его работ, принесшие ему мировую славу, составили 10-томный труд «*Образцы народной литературы тюркских племён» (1866-1907)*

После работы в экспедиции под руководством доктора Радлова Павел Ивачёв почувствовал себя увереннее. Слова, сказанные ему Василием Васильевичем при расставании не выходили, у него из головы. О своей жизни он задумывался и раньше. Куда теперь идти после Барнаульского училища? В Колывань к каменным монолитам на долгие годы? Или в Петербург? Возможно, у него это была заветная мечта, и доктор Радлов только направил его на истинный путь. Доктор философии Радлов при расставании напутствовал его в новую жизнь. И Павел Ивачёв решительно приступает к выполнению задуманного.

29 апреля 1868 года П.Ивачёв обращается в Кабинет Его Императорского Величества с просьбой о выдаче ему копии Свидетельства об окончании Барнаульского Горного Окружного училища.

Спрашивается, зачем кандидату в горные уставщики, вдруг понадобилась копия Аттестата? Этим вопросом занимаются на самом высоком уровне. В архиве сохранилась переписка раскрывающая, как выпускнику Барнаульского Окружного Горного училища удалось получить копию своего Аттестата. Пройдём по пути следования Просьбы Павла Ивачёва:.

Просьба кандидата, первая резолюция, копия Аттестата из Кабинета Его Императорского Величества, и подпись Генерал-лейтенанта подводит итог казалось бы такому простому делу: получить копию на свой собственный Аттестат.

Копия сия выдана из Кабинета Его Величества Горному Кандидату Павлу Андрееву Ивачёву на основании резолюции 25 Апреля 1868 года, за № 89 последовавшей на просьбу его Ивачёва. Апреля 29 дня 1868 года
Член Кабинета Его Величества
Генерал-лейтенант (подпись).

Семь лет прошло после отмены крепостного права, предоставлена свобода, в том числе и для Кабинетских жителей, и для кандидата в горные уставщики Павла Ивачёва, но он всё ещё остаётся зависимым от Кабинета Его Императорского Величества. Могли бы и не дать копию. Кинули бумаги Ивачёва в *долгий ящик* и концы в воду. Но вопреки всему Просьба Ивачёва было рассмотрена, и на разрешение выдачи копии Аттестата наложена резолюция Генерал-лейтенанта! В апреле наложена резолюция, из Барнаульского Окружного Горного училища получена копия Аттестата. Что дальше? Павел Ивачёв на этом не останавливается.

Старинное фото: Виды Алтая

***

2/. Императорская Академия художеств
Горнозаводской кандидат Павел Ивачёв. Ученик Колыванской шлифовальной фабрики Назар Ивачёв. Преподаватели Императорской Академии художеств. Сибиряк Василия Суриков. Колыванская ваза «Царица ваз» в Эрмитаже. Горный начальник Колывано-Воскресенских заводов Фёдор Беггер. 1873 год окончание Академии художеств. Диплом № 1804. Звание классного художника 2 степени. Дополнительный год в академии по камнерезному искусству. Назар Ивачёв. Павел Ивачёв в Колыванской шлифовальной фабрике. С караваном золота в Петербург. В Академии художеств на преподавательской работе. Свидетельство № 94 на право быть учителем рисования. Совместная работа В.Сурикова и П. Ивачёва. Серия картин деяния Петра I и фрески четырёх Соборов в храме Христа Спасителя в Москве. И.Н.Крамской один из основателей Товарищества передвижников.

Всё случившееся раскрывается из переписки на высоком уровне.
12 ноября 1866 г.
«Выпущенный из Барнаульского Окружного горного училища на службу в Алтайские заводы, горнозаводской кандидат Павел Ивачёв обратился в Кабинет Его Величества с просьбой о помещении его в Академию художеств, для изучения рисовального искусства... Он должен быть подвергнут испытанию, может ли он с успехом обучаться в Академии, что бы впоследствии занять место мастера или художника на принадлежащей Кабинету шлифовальной фабрике».
На первый взгляд странно, но высокородные чиновники Кабинета Его Императорского Величества в этой казённой депеше предначертали весь жизненный путь Павла Ивачёва. И так, кандидат в горные уставщики, подлесничий Сузунского лесничества 22 летний Павел Ивачёв обратился в Кабинет Его Императорского Величества. Смелая инициатива для вчерашнего выпускника Барнаульского горного Окружного училища. Наверное, он имел перед собой, как пример, жизнь Радлова, посвятившего себя науке и решил испытать себя до конца.
Возможно ли было такое до Царского Манифеста 1861 года? Но теперь за окном 1866 год. И Кабинет Его Императорского Величества не только принимает к рассмотрению Прошение от безвестного горнозаводского кандидата, но предлагает подвергнуть его испытанию сможет ли он с успехом учиться в Императорской Академии Художеств?! Чем он так приглянулся в далёком Императорском Кабинете? Уж не послал ли он туда свои рисунки и акварели? Сведений об этом не обнаружено. Но следуя Предписанию Императорского Кабинета, подвергли Павла Ивачёва испытанию. Кто-то взял на себя ответственность заверить Кабинет: *Да, сможет.*

И вот уже отправлены в Санкт-Петербург соответствующие бумаги для Кабинета Его Императорского Величества. И получен ответ.

8 Августа 1866 года Павел Ивачёв пишет Прошение в Правление Императорской академии Художеств. Теперь его делом занимается Кабинет Его Императорского Величества и Вице-президент Императорской Академии Художеств.

В С.-Петербурге
 12 Ноября 1866г.
 № 3446.
 Господину Вице Президенту
Императорской академии Художеств

 Выпущенный из Барнаульского Окружного училища в Алтайские заводы
Горнозаводской кандидат Павел Ивачёв обратился в Кабинет Его Величества
С просьбой о помещении его в Академию художеств для изучения рисовального
искусства.

Предварительно распоряжения по настоящему предмету, Кабинет Его Величества Имеет честь покорнейше просить Ваше Сиятельство приказать подвергнуть Ивачёва Испытанию и затем почтить уведомлением-может ли он с успехом обучаться в Академии, что бы в последствии занять место мастера или художника на принадлежащей Кабинету шлифовальной фабрике и какое, по мнению Вашему, потребуется назначить Ивачёву содержание на учения, равно и о приблизительном сроке пребывания его в академии.
Член Кабинета Генерал....(подпись)

На таком высоком уровне решается судьба молодого Павла Ивачёва. Быть ему или не быть в стенах Императорской Академии? Откажут или примут?
На этом документе с каллиграфическим почерком опытного писаря, имеется надпись.
« По соглашению с Г. Инспектором испытание можно назначить 17 декабря.
И подпись. (Нрз.)
И вот уже Павел Ивачёв отправляется в далёкий путь. Едет на казённый счёт. Более того он официально командирован в Санкт-Петербург для сопровождения каравана* с золотом в звании Помощника Смотрителя каравана. Приходиться только удивляться такому началу его пути. Но впереди ещё целая жизнь.
Примечание: *«Золотой караван» отправлялся из Барнаула в декабре по снегу. В марте прибывал в Петербург. Маршрут был расписан так, что бы до распутицы, которая наступала в первых числах марта месяца, прибыть в столицу. С этим маршрутом из Барнаула отправляли маленькие вещи из Колыванской шлифовальной фабрики. Тяжёлые вазы и колонны возили в два приёма. Зимой по санному пути до воды. И далее, когда откроются реки по Мариинской водной системе в Петербург. Груз находился в пути до 9 месяцев.*
По прибытию в Санкт-Петербург, с разрешения Министра Императорского Двора, Павел Ивачёв был помёщён в Императорскую Академию Художеств, для изучения рисовального искусства.
Не будем торопиться. До помещения в академию надо было не только пройти испытания, но и предъявить свои художественные работы, рисунки. Всё это Павел Ивачёв имел и привёз с собой. И в стенах Академии успешно исполнил рисунки с гипсовых голов в присутствии именитых столичных академиков.
Удовлетворить вкусы академиков было не просто. В то же самое время держал вступительный экзамен в Императорскую Академию Художеств ещё один сибиряк - Василий Суриков. Он привёз с собой серию картин и рисунков, имел солидную подготовку, рекомендации и материальную поддержку от сибирского золотопромышленника. Но рисунки с гипсовых голов у него не зачли. Отказали Василию Сурикову в приёме в Императорскую Академию Художеств. Пришлось ему в частном порядке в течение трёх месяцев в осваивать рисование этих злополучных гипсов. Только после этого Василия Сурикова приняли в Императорскую Академию художеств. Кстати это были не безымянные головы, а копии голов с античных статуй, среди них бородатый Зевс и красавица Афродита.

Кабинет Его Императорского Величества
 Горное отделение.   3 Стол
5 ноября 1866.
  № 2984
 В Правление Императорской Академии Художеств.
  С разрешения Господина Министра Императорского Двора, Кабинетом Его Величества определены в Академию Художеств пенсионерами вольнослушателями. ученик Колыванской шлифовальной фабрики Назар Ивачёв и
горнозаводской кандидат Павел Ивачёв.
Первый для изучения рисования, лепки и формовки, второй для изучения рисовального искусства....

Павел Ивачёв из Горной Колывани в Императорской Академии художеств! Сбылась мечта, исполненная по совету В. Радлова. Сообщить бы ему об этом. Но Василий Васильевич так увлёкся азиатскими путешествиями, что его теперь не найти. Он теперь то ли в Средней Азии, то ли на Алтае.

В Правление Императорской Академии Художеств
От стипендиата Кабинета Его Величества,
Павла Ивачёва

Прошение

Имея желание поступить в ученики Императорской Академии Художеств, по части живописи, я покорнейше прошу удостоить меня приёмом; при этом имею честь присовокупить, что принадлежащие мне бумаги, как-то Аттестат о науках и Свидетельство переданы были – первый Господину Инспектору классов, а второе в Правление Академии при самом вступлении меня в число вольно слушающих учеников
8 Августа 1868 года
П.Ивачёв

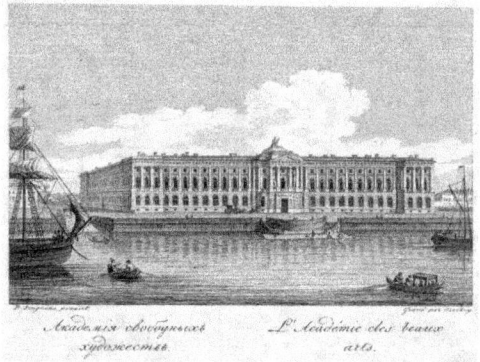

Здание для Императорской Академии Художеств построено по распоряжению Екатерины II в 1764-1788 гг. на Васильевском острове по проекту архитекторов Ж.Валлен-Деламота и А. Кокоринова.

Во главе академии: президент, вице-президент и конференц-секретарь.

С 1843 года президентами назначались только лица императорской фамилии.
Вице-президент-художник.
Конференц-секретарь - вёл протоколы ежегодных Конференций и Учёных собраний академиков, занимался делопроизводством и организационными функциями.

Павел Ивачёв с февраля 1867 года *«вступил в Императорскую Академию на правах вольнослушателя по живописи»* стипендиатом Кабинета Его Императорского величества. Пока только вольнослушателем. Его судьба ещё не решена. Оставят его в Академии или отправят назад, пока не известно. Теперь всё зависит от вольнослушателя Ивачёва. И он рисует по заданию всё, что предлагают седовласые академики. Рисует под их наблюдением и при закрытых дверях. Старается. Трудолюбия у него достаточно, а рисует он великолепно. В том же 1867 году после соответствующих испытаний, Павла Ивачёва перевели из вольнослушателей в ученики Императорской Художественной Академии.

На следующий год он переведен в Натурный класс с правами ученика.

Он прошёл последовательно класс гипсовых голов, класс гипсовых фигур и получил за выполненные рисунки высокие баллы.
Имеет серебряные медали:

4 октября 1869 г. «*За этюд с натуры*»
23 декабря 1870 г. «*За рисунок с натуры*»
1871г «Разрешено пособие 50 рублей из статьи Сметы на единовременные пособия ученикам, оказывающих успехи».

В то время в Академии на преподавательской работе трудились:
Шамшин Пётр Михайлович (1811-1895) исторический живописец, профессор. С 1843 . преподавал рисование.
Виллевальде Богдан Павлович (1818-1903) профессор преподавал Батальную живопись.
Чистяков П.П. один из преподавателей. В Академии с 1873 по 1875гг
Бруни Фёдор Анатольевич (1799-1875) профессор исторической живописи. Ректор Академии Художеств с 1855 по 1871 гг.
Иордан Фёдор Иванович (1800-1883) профессор, с 1871 ректор живописи и скульптуры.
Вениг Карл Богданович (1830-1908) профессор исторической живописи.
Нефф Тимофей Андреевич (1805-1976) профессор истории и портретной живописи.

Сибиряки: Павел Ивачёв, Назар Ивачёв и Василий Суриков встречались в академии на занятиях по рисованию и лепке.
Они изучали: *Историю церквей, Всеобщую историю, Историю России, Историю изящных искусств и Археологию, Математику, Физику, Химию, Русскую словесность и Эстетику, Перспективу и Теорию теней, Архитектуру и Анатомию.*
По окончанию курса наук ученику Императорской Академии художеств выдавался именной *Аттестат удостоверяющий успехи на выпускном испытании.* Баллы выставлялись *хор. (хорошо), оч. хор. (очень хорошо) и Отлично.*
Аттестат подписывал Президент, в то время им был Великий князь Владимир (третий сын царя Александра II) и Конференц-секретарь П. Исеев.

Аттестат имел номер и соответствующую печать.

К тому времени в Эрмитаже стояли каменные произведения, сделанные руками мастеров камнерезов из родной Колывани из династии Ивачёвых
И над всеми вазами возвышается гигантская Колыванская чаша, выполненная по рисунку архитектора А.И. Мельникова*
Шлифовальщики и отдельщики Колыванской Шлифовальной фабрики, земляки Павла и Назара Ивачёвых:
Т.Н.Воротников, Ф.Ф.Есаулов, Я.Ф. Есаулов, П.И.Зудов, М.Я.Мурзинцев, Д.А.Осколков.
Мастера наблюдающие за работой шлифовальщиков и отдельщиков:
И.С.Колычев, М.С.Лаулин, И.М.Ивачёв, И.М.Коновалов.
И.М.Ивачёв возглавлял караван от Колывани до Санкт-Петербурга. Через шесть месяцев "Колыванская чаша" была доставлена в Петербург.

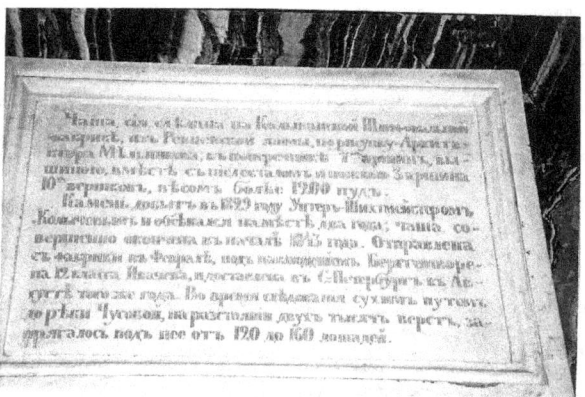

Историю изготовления и доставки вазы в Петербург Павел Ивачёв знакома не понаслышке. На пьедестале Колыванской вазы значится берггешворен 12 класса Ивачёв. Имя не указано. Но Павел знает, мастера звать Иван он сын родственника Михаила Осиповича Ивачёва.

Примечание: Мельников Авраам Иванович (1784-1854) российский архитектор. В Петербурге Никольская церковь, в советское время Музей Арктики и Антарктики, собор в Кишинёве. Автор проектов архитектурной части многих скульптур и памятников

Горный начальник Колывано - Воскресенских заводов с 1854 по 1859 г. Фёдор Фёдорович Беггер так отозвался о Колыванской чаше: *«Вещи такой тяжести и величины отправляемой доныне ешё не было. Потому и потребовалось в пути особенно сметливое управление и неусыпная бдительность, что бы при перегрузках чаши и в особенности следования её сухим путём, упреждать все случаи, могущие повредить вещь, из каменных изделий столь редкую и драгоценную и потому обязанность в сем случае господина Ивачёва была ответственная...»*

И эту ответственную обязанность Иван Ивачёв выполнил с честью.

В Санкт-Петербурге баржа с чашей долго стояла у Аничкова моста. Затем деревянные ящики выгрузили на Набережную Невы. Напротив Эрмитажа. И только в 1845 году определили чаше место в *«проезде»* выстроенного здания Нового Эрмитажа. И здесь ещё пришлось чаше задержаться на 4 года. Пока для неё готовили специальный фундамент. Осенью 1849 года 770 рабочих подняли чашу и поставили её на место, где она и находится с той поры.

В 1873 году Ивачёв Павел по окончании курса наук в Императорской Академии Художеств, определением Совета оной, состоявшимся 31 октября 1873 года, за отличные успехи в живописи признан классным художником 2 степени. На каковое звание и выдан ему

Диплом за № 1804

Дан сей диплом от Императорской Академии Художеств Павлу Ивачёву на звание Классного художника второй степени, которым он Ивачёв удостоен определением Совета Академии, от 31 Октября 1873 года, за отличные успехи в живописи, с присвоением права на чин XII класса

К сему прилагается печать Академии.
С-Петербург. Ноябрь 4 дня 1873

К времени окончания Академии художеств, свободных вакансий на гранильных фабриках не оказалось. В ожидании свободного места по именному Указу оставили Павла Ивачёва на год при Академии.

15 Ноября 1873 года
№-2806
«По докладу Г.Министра Императорского Двора, отзыва Правления Академии Художеств об успехах ученика Павла Ивачёва, Его Сиятельство Граф Александр Владимирович* изъявил согласие оставить Ивачёва ещё на один год в Академии с тем непременным условием, чтобы занятия его главнейшие были направлены для изучения той специальности, для которой он приготовляется, то-есть изготовлению каменных вещей на подведомственных Кабинету шлифовальных фабриках и составлению на изделия сии проектов и моделей».

Согласно этого Предписания классный художник Павел Ивачёв* занялся изучением камнерезного дела. Имея достаточно практических сведений полученных им в юные годы на Колыванской фабрике, он продолжает более углублённо изучать камнерезное искусство. Теперь он изучает изготовление каменных вещей теоретически, в стенах Академии художеств. Для практического применения полученных знаний Петергофская гранильная фабрика рядом. На время учёбы ему назначается стипендия от Кабинета в 300 рублей и на приобретение учебных пособий 25 рублей в год.

По окончании этого дополнительного курса Павел Ивачёв был зачислен на Колыванскую шлифовальную фабрику.
Примечание: О художественных работах П.Ивачёва мало что известно. В Колывани сохранились его рисунки, в Алупкинском музее картина *«Академический натурщик»* Масло. Холст 112х80 справа внизу подпись. Ивачёв

Ивачёв Назар
Вместе и одновременно с Павлом Ивачёвым в Императорской Академии Художеств (1863-1871 гг.) учился горнозаводской кандидат, Ивачёв Назар родом из Колывани.

Кабинет Его Императорского Величества
  Горное отделение 3 Стол
  В Санкт-Петербурге
  5 ноября 1870 г.
  № 2984
В Правление Императорской Академии Художеств
  С разрешения Господина Министра Императорского Двора
Кабинетом Его Величества определён в Академию Художеств
Вольнослушателем пенсионером ученик Колыванской шлифовальной фабрики
  Назар Ивачёв
для изучения рисования и лепки.
  Подписи

В 1866 г. за выполненные работы он был удостоен
Малой серебряной медали, в 1868 г. Большой серебряной медали и в.1870 г. получил
  Малую золотую медаль за статую *«Дровосек».*
За выполнение программы *«Олимпийские игры дискоболов»* ему была присвоена I-степень Художника по скульптуре.
После окончания Академии Назар Андрианович Ивачёв ввиду отсутствия вакансий при Колыванской шлифовальной фабрике, был направлен на работу в Екатеринбургскую гранильную фабрику соответственно его званию и статусу.
10 марта 1872 г. помощником директора Екатеринбургской гранильной фабрики по искусственной части был утверждён, окончивший Императорскую Академию художеств со званием 1-ой степени ученик Колыванской фабрики Назар Андреевич Ивачёв.
Указом Сената от 28 августа 1873 года ему присвоен чин Коллежского регистратора XIV класса в Табели о рангах.
Много позже, 9 января 1914 года оставлен в штате Екатеринбургской гранильной фабрики в связи с решением Кабинета об ограниченной деятельности Колыванской шлифовальной фабрики в рамках добычи и грубой первичной обработки камня для Петергофской и Екатеринбургской гранильной фабрик.

Павел Андреевич Ивачёв в Колывани
По прибытию на Алтайские заводы, классный художник Павел Андреевич Ивачёв был определён в распоряжение Управляющего Колыванскою Шлифовальною фабрикою с задолжением по технической части, согласно означенному распоряжению Кабинета Его Величества.
Указом правительствующего Сената от 8 февраля 1877 г. за № 27 П.А. Ивачёв утверждён в чине Губернского секретаря*, со старшинством с 1874 мая 27 дня.
Примечание: Губернский секретарь XII класса в Табели о Рангах.

Классный художник П.Ивачёв был задействован на *Колыванской шлифовальной фабрике* по технической части. С 1877 г. по 1880 г. он участвовал в исполнении всех Заказов Кабинета Его Императорского Величества.

С 21 ноября 1880 г. П.А. Ивачёв сопровождал караван с золотом в СПб в звании Помощника Смотрителя Каравана. Продолжительность командировки 4 месяца
По прибытии в Петербург Павел Андреевич Ивачёв оставлен преподавателем при Академии в педагогических классах первоначального рисования. Он изучил систему

преподавания. По окончании этого курса ему было выдано *Свидетельство* дающее право быть учителем рисования.

Свидетельство № 94
Из Императорской Академии художеств
Классному художнику Павлу Ивачёву в том, что состоял в Академии при педагогических классах первоначального рисования, в качестве Преподавателя, он с успехом изучил систему преподавания рисованию и может с пользой, занимать должность учителя рисования в учебных заведениях.
В удостоверение чего Правление Академии Художеств свидетельствует с приложением печати.
 С.-Петербург Января 19 дня 1881 года
  Подполковник Императорской Академии Художеств
Конференц-секретарь (подпись)
Скрепил: Производитель (подпись)
Свидетельство за № 94 получил (подпись П Ивачёва)

Василий Суриков и Павел Ивачёв
Василий Суриков получил в Красноярске солидную подготовку. Его учителем был Николай Васильевич Гребнев (род. в 1831 г.) Он окончил Московское училище живописи, ваяния и зодчества. В 1855 году за этюд *«Девочка с кувшином»* представленный в Академию художеств, ему было присуждено звание *«Неклассного художника»*. Будучи преподавателем рисования в Красноярском уездном училище(1859-1863) он сыграл значительную роль в формировании Василия Сурикова как художника.
Сибирский богач П.И. Кузнецов. Пётр Иванович (1818-1878) городской голова Красноярска, золотопромышленник. Дал средства для поездки Сурикова в Петербург, помогал ему материально. Выплачивал ему стипендию вплоть до окончания Академии.
Замятин Павел Николаевич генерал-майор, в1862-1869 гг. гражданский и военный губернатор Енисейской губернии. 10 декабря 1867 г он отправил в академию Художеств письмо с просьбой зачислить Сурикова в число учеников Академии. К письму были приложены рисунки Василия Сурикова:
1. *Ангел Молитвы*. 2.*Благовещание*. 3. *Голова Спасителя*. 4. *Тройка*. 5. *Ямщик*. 6. *Хоровод*. 7. *Голова мальчика*. 8. *Старик*. 9. *Девушка стерегущая ребят*. 10.*(название неразборчиво)* 11.*Мальчик с луком* 12. *Курган в Минусинском округе*.
11февраля 1868 г. Совет Императорской академии Художеств рассмотрел Отношение Красноярского губернатора и дал положительный отзыв о способностях юного Василия Сурикова.
11 декабря 1868 года Суриков выехал из Красноярска в Санкт-Петербург для поступления в Академию Художеств. Длинная дорога на лошадях через Томск, Екатеринбург, Казань до Нижний Новгорода и дальше по железной дороге в Санкт-Петербург.
1869 г. с 19 февраля занимался в *Школе Общества Поощрения художеств* у художника Дьяконова. Изучал технику рисования голов с гипсов.
1869 г. 28 августа 1869 г. принт в число *вольнослушателей в головной класс* Академии художеств. В это время в Императорской Академии Художеств одновременно были приняты и приступили к занятиям три сибиряка: Павел Ивачёв, Назар Ивачёв и Василий Суриков.
1870 г.. В.Суриков принят в число *Действительных слушателей* и одновременно переведен в *Натурный класс*.
1871 г. 20 декабря. Получил Малую серебряную медаль за рисунки (этюды с натуры)
1872 г. 28 октября. Вторая Малая серебряная медаль за рисунки и 25 р. за эскиз
1873 г. 3 марта. Большая серебряная медаль за живопись и за композицию.
 9 марта *«За хорошие успехи в живописи»* назначена стипендия 120р.
 26 мая Большая серебряная медаль за рисунки.
 1 ноября. Получает стипендию Императорского Двора в размере 350р в год.

1874 г. 4 марта. Премия 100р. за эскиз «*Пир Вальтазара*»
9 марта получил задание для работы на Малую золотую медаль.
4 ноября Малая золотая медаль за картину «*Милосердный Самаритянин*»
4 ноября 1874 года получил Аттестат о завершении образования по научным предметам.
Совет Академии присвоил В. Сурикову звание Классного художника I степени.

Из переписки В.Сурикова с родными узнаём церемонию вручения медалей.
« в *12 дня явилась Великая княгиня Марья Николаевна* с Великим князем Владимиром Александровичем*. По правую руку сел Владимир Александрович. Конференц-секретарь* читал отчёт об Академии и прочёл какие ученики заслужили медали. Их поочерёдно вызывали и они получали из рук Марьи Николаевны медали. Когда стали получать золотые медали, то каждому из них музыка играла туш. Вся церемония продлилась часа два».*

Примечание:
Великая княгиня Мария Николаевна (1819-1876) дочь Николая I.Президент Академии Художеств 1852-1876
Великий князь Владимир Александрович (1847-1909) сын Александра II. с 1869-1876 Товарищ Президента с 1869—1876 Президент Академии Художеств
Исеев Пётр Фёдорович (1831-?) конференц-секретарь Академии Художеств с 1868-1889 гг.
В 1868 году Великий князь Владимир Александрович побывает в Западной Сибири и на Алтае

В учебных классах Академии художеств сибиряки: Ивачёвы Назар и Павел с Суриковым постоянно встречались. Общение между братьями Ивачёвыми и Василием Суриковым было и за пределами Академии.
К сожалению письменных источников, на эту тему почти не сохранилось. При постоянном общении сибиряки письмами между собою не обменивались. Только в нескольких письмах Василия Сурикова родным на родину он упоминает *о своём товарище Павле Ивачёве*. **Фото:** *Ретро. Из серии:Виды Алтая.*

7 июня 1872 года Василий Суриков сообщает в письме свои родным *«...на Политехническую выставку мы поедем с товарищем».* (товарищем в этой поездке в Москву был Павел Ивачёв).

С 30 мая по 1 сентября 1872 году была открыта Политехническая выставка в 40 выставочных павильонах Москвы. На эту выставку студенты Академии Художеств Василий Суриков и Павел Ивачёв приготовили цикл картин из жизни Петра I по заказу известного в России исследователя Севера, лесопромышленника и красноярского купца М.К.Сидорова. Весь цикл рисунков был издан в Петербургской литографии А.Артамакова, под названием «*Картины из деяний Петра Великого на севере*».
12 картин снятых с рисунков были представлены М.Сидоровым на эту Политехническую выставку в Москве. Две картинки были обнаружены исследователем В.С. Каменевым и опубликованы в журнале «Искусство» в 1949г №6 и в 1951 № 4.

1. «*Обед и братство Петра Великого в доме князя Меншикова с матросами голландского купеческого судна, которое Пётр I как лоцман, провёл от острова Котлин до дома генерал-губернатора».*

2. *«Пётр Великий перетаскивает суда из Онежского залива в Онежское озеро для завоевания крепости «Нотебург» у шведов».* **Фотография** с этого рисунка сохранилась в семье Лашковых. На ней чётко определяется имя «Суриков», на борту лодки.

Прежде чем приступить к созданию любой картины Суриков много внимания уделял композиции. В его картинах много действующих лиц, он создавал сюжет картины и расставлял всех по своим местам. Поэтому его картины имели такой успех.
Его учебные картины на заданную тему выделялись тщательно составленной композицией. Суриков получает высшие балы за каждую созданную им картину.
Во время учёбы в Академии он несколько раз меняет место своего жительства. Вблизи Академии квартиру найти трудно. Наконец он находит комнату в доме №5 на 3-линии Васильевского острова между Средним и Малым проспектами и спешит сообщить об этом родным. В письме 29 мая 1874 года : *«9 марта зададут писать картину на золотую медаль».*
25 октября 1874 г. «Простите что долго не писал. Причиной тому было окончание картины и экзамены из наук. 4 ноября получу диплом на акте, ...говорят что я получу золотую медаль, тогда можно будет на будущий год работать на Большую золотую медаль).
20 дек. 1874 г. «Получил золотую медаль за картину, о которой писали в некоторых газетах. Если хочешь Саша, то прочти статью обо мне в «Всемирной иллюстрации» 14 ноября № 307. Там скоро напечатают мой эскиз «Пир Вальтазара». Я уже рисую его для печати. Вместе с медалью я получу и диплом в окончание курса наук. Так что я уже имею чин губернского секретаря (XII класс в Табели о рангах) На будущий год буду работать на Большую золотую медаль. В Суриков.

Аттестат.
Дан сей ученику Императорской академии Художеств по живописи
Василию Сурикову, в удостоверение оказанных им успехов
на выпускном испытании из наук:
История церквей – отлично
История всеобщая - оч. хор.

История русская – оч. хор.
История изящных искусств и
Археологии – оч. хор.
Физика - отл.
Химия – хор.
Русская словесность и Эстетика- оч. хор.
Перспектива и Теория теней – хор.
Архитектура –отл.
Анатомия –хор.
           Тов. Президента кн. Владимир
           Конференц-секретарь – П.Исеев.
4 ноября 1874 года
№ 2094.
К этому Аттестату Василий Суриков получил Большую золотую медаль.

Большая золотая медаль давала выпускнику Императорской Художественной Академии право на 2-х годичную командировку за счёт Академии по странам Европы. Вопреки всему Суриков этого права не получил.
Возмущённые члены Академического совета дважды обращались к Министру Двора А.В.Адлербергу. Наконец 27 апреля 1876 года Ходатайство было удовлетворено. Но к тому времени Суриков принял заказ на роспись Храма Спасителя и, выполнив в Петербурге эскизы этой росписи, в июле 1877 года вместе с Павлом Ивачёвым выехал в Москву.

Храм Христа Спасителя в Москве был воздвигнут, как памятник победы русского народа в Отечественной войне 1812 года, по проекту архитектора К.А.Тона*. Закладка храма состоялась в 1839г. Внутреннюю отделку и росписи в Храме Христа Спасителя в Москве. были привлечены известные художники И.Н. Крамской*, Г И.Семирадский* и другие Летом 1878 года к этой работе были приглашены выпускники Императорской Художественной Академии Василий Суриков и Павел Ивачёв. Им было поручено написать на хорах четыре большие фрески на темы: *Первого, Второго, Третьего, и Четвёртого Вселенских Соборов*.
Примечание: Вселенские **Соборы*** -съезды высшего духовенства христианских церквей. Православная Церковь признаёт полномочными семь первых Вселенских собора (4-8 века).
Архитектор **К.А. Тон***- Константин Андреевич(1794 – 1881) русский архитектор храма Христа Спасителя в Москве (1837- 83), Большой Кремлёвский дворец, Оружейная палата Московского Кремля, здания вокзалов Октябрьской (бывшей Николаевской) ж.д. в Москве и в Петербурге.

После завершения строительства к Храму построенному в память изгнания армии Наполеона, со всех окраин шли и ехали жители России. И стоять бы Храму тысячу лет. Но Храм Христа Спасителя был варварски уничтожен при Сталине. (Началась война и остальные храмы Москвы и Петербурга-Ленинграда Сталин и его угодливые исполнители уничтожить не успели.). Уничтожение Храма, икон и церковной утвари в Храме Христа Спасителя было засвидетельствовано кинооператорами и часто показывается теперь в наши дни по телевизионным каналам. Глядя на то как сталинские опричники расправляются с храмом, всегда одолевает одна и та же мысль, ну почему не сохранили иконы и настенные фрески написанные великими художниками, передать бы их верующим! Но большевикам-коммунистам в голову такие мысли даже не вступали. *«Весь мир насилья мы разрушим, до основанья а затем... »* Затем они мечтали о Мировой революции, во время которой намеревались залить кровью теперь уже весь шар земной. Во время Гражданской войны была разминка, они только тренировались.
   От большого числа иконописных работ сохранились некоторые эскизы фресок. В советское время они находились в Ленинграде в *«Музее истории религии и атеизма АН*

СССР», расположенном в Казанском Соборе. И эскизы к фрескам (1, 2, 3, 4, Вселенских Соборов), в написании которых принимал участие Павел Ивачёв вместе с Василием Суриковым. Эскизы к фрескам хранились в Государственном русском музее ГРМ* и вариант эскиза к 1-му Вселенскому собору в Государственной Третьяковской галерее ГТГ*).

В 1895 году после картины *«Утро стрелецкой казни»* Совет Императорской Академии Художеств присваивает Сурикову звание Академика.(Звание академика давало право на VII класс в Табели о рангах.)

В 1881 г. Суриков вступает в *Товарищество передвижных художественных выставок* и остаётся в нём до 1907 года.

С 1882 по 1887 картины передвижников сопровождал Павел Ивачёв. В.Сурикова и П.Ивачёва можно видеть рядом на фотографиях художников Передвижников.
Самые известные картины обессмертившие Сурикова: *«Утро стрелецкой казни»*, *«Меншиков в Берёзове»*, *«Боярыня Морозова»*, *«Переход Суворова через Альпы»*.

Примечание: *«Школа Общества Поощрения Художеств»** в Петербурге. Открыта в 1821 году дворянами меценатами. До 1875 года называлась *«Общество поощрения художников»* Общество устраивало выставки, конкурсы, способствовало освобождению художников от крепостной зависимости. С 1857 года содержало в Петербурге *Рисовальную школу.*
И.Н. Крамской*- Иван Николаевич (1837-87)живописец. Один из создателей Товарищества передвижников, утверждающего принципы реализма в искусстве. Автор замечательных портретов деятелей русской культуры и крестьян. Среди его известных картин «Христос в пустыне» 1872 г.
Г И Семирадский*Генрих Ипполитович (1843- 1902) живописец. Работал в Польше и в России. Среди его работ эффектные сцены из античности и на Библейские темы.

Многие годы В.Суриков и П.Ивачёв связи между собой не теряли. Тому свидетельствует письмо В.Сурикова к родным написанное им в Мытищах в 1885 г.
«Здравствуйте, милые мама и Саша!
Мы теперь живём в деревне на даче под Москвой. Я там работаю этюды для моей картины. Я, жена и дети –все, слава Богу, здоровы. Так опять не собрались к вам. Мой товарищ **Ивачёв**, *не имеет большой работы, этим летом поехал в Сибирь. То же к матери повидаться. Очень я ему завидовал. А мне было нельзя: всё лето бы пропало, и средства к жизни надо доставать...К февралю я должен кончить картину так что будущее лето я свободен буду больше, чем это... Остаёмся живы и здоровы , целуем вас.*
Твой В.Суриков

***

3/. Товарищество Передвижных художественных выставок (ТПХВ) выставок
Товарищество художников передвижников и «Бунт четырнадцати». П А Ивачёв в качестве Заведующего ТПХВ: Переписка с художниками и с администрацией городов и учреждений. Руководство ТПХВ: И.Н.Крамской, П Брюллов и Савицкий. (К.Лемох).

И.Н. Крамской—М.Б. Тулинову. И.Н. Крамской—министру внутренних дел А.Е.Тимашёву, И.Н. Крамской—Ф.А.Васильеву, Товарищество передвижников: П.Брюллов, К.Лемох, К.Савицкий—А.Д.Чиркину, А.Д.Чиркин—К.А.Савицкому, П.А. Ивачёв—Ректору Университета в Киеве. П А Ивачёв—П.Брюллову, Письмо П.А. Ивачёва—Правлению ТПХВ, П.А. Ивачёв—К.А.Савицкому, П.А. Ивачёв—Ректору Университета в Киеве, И.И.Рахманинов—П.А.Ивачёву, П.А. Ивачёв—И.И..Рахманинову, И.И. Рахманинов—П.А. Ивачёву. П.А. Ивачёв—П.М. Третьякову, П.И. Ивачёв—А.А. Потебне, П.А. Ивачёв—А.А. Киселёву, П.А. Ивачёв—И.И. Шишкину. П.А.Ивачёв—П.М.Третьякову, П.А. Ивачёв—В.М.Гаршину, П.А. Ивачёв—И.И.Шишкину.

Указ Александра III. Реформа Академии художеств. Возвращение передвижников в Императорскую Академию художеств

Всякое новое, ещё не познанное дело вначале кажется невыполнимым. Поэтому первопроходцам, всегда трудно. Любое препятствие может оказаться непреодолимым. И только стоит, проявить слабость, опустить руки и путеводная ниточка оборвалась. След утерян. Открытие не состоялось. Задуманная работа не свершилась. А если начинать дело не в лаборатории за микроскопом или за письменным столом, в окружении молчаливых верных справочников и энциклопедий, а в толпе всезнаек и завистников, в гнилой атмосфере не милосердного общества, в котором приходиться жить и трудиться ради куска хлеба, в постоянной неуверенности в своей судьбе и вдохновляют тебя на дело только тени предков, погибших из-за идей очередных параноиков.

А если начинаешь что-то супротивное существующему режиму? И все только и ждут, ну когда заберут от нас этого пронырливого первопроходца!? Как без него было тихо и спокойно получать свою пайку и ждать обещанной райской жизни!

Пройдёт время и новые всезнайки скажут, да что он там особенного открыл или сделал? Ведь всё так просто! *Просто, как яйцо Колумба*! И приводили аналогичные примеры со страниц школьных учебников советской истории.

Появление *Художников передвижников*. И действительно, что тут сложного? Собрал картины и поехал по городам и весям! Что особенного в их *подвижничестве*?

Во второй половине XIX века ещё не забыто было восстание декабристов. Виселица для руководителей восстания, тюрьма и ссылка в Сибирь для участников восстания. Сотни солдат просто прогнали *«сквозь строй»*. Напомним. Солдату связывали руки и вели, тащили мимо строя солдат у которых в руках были шпицрутены. Солдаты стоящие в строю палками (шпицрутенами) должны были что есть силы бить по спине провинившегося солдата. Забивали на смерть.

О ссылке на Кавказ, на войну с горцами, многие декабристы мечтали, даже просились! Под пулями было лучше, чем в якутской тундре или в сибирском Нерчинске.

К середине 60-х годов о судьбе декабристов население России ещё не забыло. В памяти и виселица и Сибирь и *«сквозь строй»*. Декабристы выступили, встали на Сенатской площади и заявили о своём не согласии...В чём не согласны? Не согласные присягать Николаю I. Наследником царского престола официально является Константин! И ему уже принесли присягу на великих просторах России в церквах. Таков был регламент. (*Умер король...Да здравствует Король!*)

Вернёмся к теме Передвижников.

И так, 9 ноября 1863 года 14 выпускников Императорской Академии Художеств вошли в великолепный кабинет Вице-президента Академии художеств и предстали перед комиссией высокопоставленных чиновников от художественного искусства.

Художники обладатели золотых и серебряных медалей, допущенные к конкурсу на Большую золотую медаль, дающую право на двухлетнее заграничное путешествие по

Европе, вошли с протестом. Они отказываются участвовать в конкурсе на одну заданную для всех тему на сюжет скандинавских саг *«Пир в Валгалле»*. Они встречались с профессорами Академии и пытались объясниться. Это им кричали: *«Да будь моя власть я бы вас всех в солдаты!»* Они дважды подавали Прошение с просьбой изменить условия конкурса и разрешить им делать картины на свободную тему. Когда им в очередной раз отказали, они попросили освободить их от участия в конкурсе и выдать им Дипломы свободных художников.

Какая неслыханная дерзость! И это заявляют выпускники Императорской Академии Художеств во главе, которой Великий Князь Владимир Президент Академии, и вице президент князь Г.Г.Гагарин художник рисовальщик-акварелист и генерал. Да за такое непослушание можно в Сибирь угодить!

Получив отказ художники, в своих персональных Прошениях попросили освободить их *«по домашним обстоятельствам»*, и демонстративно вышли из Академии.

Вот они протестующие: Б.Вениг, А.Григорьев, Н.Дмитриев, Ф.Журавлёв, А.Корзухин, А.Литовченко, К.Лемох, А.Морозов, К.Маковский, М.Песков, Н.Петров, Н Шустов, И.Н. Крамской и примкнувший к ним молодой скульптор Крейтан.

В русскую историю эта организованная выходка художников вошла, как **«Бунт 14-ти»**

Вот что писал И.Н.Крамской в письме своему другу фотографу и художнику-любителю М.Б.Тулинову.

«Дорогой мой Михаил Борисович!

9-го ноября случилось следующее обстоятельство: 14 из учеников подали просьбу о выдаче им дипломов на звание классных художников. С первого взгляда тут нет ни чего удивительного. Люди свободные, вольноприходящие ученики, могут, когда хотят оставить занятия. Но в том то и дело, что эти 14 не простые ученики, а люди умеющие писать на 1-ю (на первую НД) золотую медаль. Дело вот как было: за месяц до сего времени мы подали просьбы о дозволении нам свободного выбора сюжетов, но в нашей просьбе нам отказали. Перед тем, как решились подать вторую просьбу, мы ходили к каждому профессору отдельно, урезонивали, просили и слышали, что просьба наша имеет основание... Одним словом каждый отдельно взятый оказывался хорошим человеком, а сойдясь вместе, опять отказывали и решили дать один сюжет историкам, и один сюжет жанристам, которые искони выбирали свои сюжеты...»

Все выше названные художники учились в Императорской Академии художеств под управлением Великого князя Владимира Александровича Романова! И это был первый организованный и открытый протест против догматизма в искусстве. Добавим после 14 декабря 1825 года.

Примечание: С 1843 года президентами Художественной Академии назначались лица только императорской фамилии. Согласно регламенту президенту Академии Художеств, предоставлялись широкие полномочия: он осуществлял общее руководство, решал вопросы о назначении и увольнении академиков, вёл заседания академических собраний, контролировал использование денежных средств, докладывал монарху о работе академии.

Новизна идеи передвижников была в том что бы *«вывести искусство из тех замкнутых теремов, в которых оно было достоянием немногих и <u>сделать его достоянием всех!</u>»* Так коротко и ясно выразил суть передвижников художник Н.А. Ярошенко

Случилось это событие накануне столетия императорской Академии Художеств! Но власти благоразумно постарались этот инцидент с художниками замять и не придавать гласности. Небезызвестное Третье жандармское отделение постаралось на славу и ни строчки об этом грандиозном скандале не просочилось в печать.

*Вышедшие из Академии художники не сразу нашли себе путь к объединению. Пытались объединиться в Артель. Не получилось. В конце 1869 года они образовали новое общество Передвижников со своим Уставом. Надо отметить, что вначале это объединение называлось «подвижными выставками». И более точно отражало суть объединения, но в новом Уставе выставки называются «передвижными»«**Товарищество передвижных художественных выставок» ТПХВ.***

Цель объединения:
Устройство, с надлежащего разрешения во всех городах империи передвижных художественных выставок, в видах: а/. доставления жителям провинции возможности знакомиться с русским искусством и следить за его успехами б/. развития любви к искусству в обществе; и в/. облегчения для художников сбыта их произведений.
Устав подписали 15 художников:
В сентябре 1870 года И.Крамской обратился к министру внутренних дел А.Е. Тимашёву за разрешением на создание «Товарищества».

Его превосходительству, господину министру внутренних дел, генерал-лейтенанту, генерал-адъютанту Александру Егоровичу Тимашёву.
Предполагая основать Товарищество передвижных художественных выставок, с целью доставления жителям провинции возможности знакомиться с искусством и следить за его успехами, а так же для обеспечения художникам сбыта их произведений, имеем честь обратиться к Вашему превосходительству с покорнейшей просьбой об утверждении прилагаемого при сем проекта устава означенного товарищества».
Власти могли отказать. Но, как говорили древние: *времена меняются и мы меняемся вместе с ними.*
Министр внутренних дел А.Е.Тимашёв настоятельно рекомендует Господину начальнику Петербургской губернии Н.В.Левашёву: *«Разрешить учреждение означенного Товарищества».* Куда бы теперь дальше перебросить эти бумаги? В полицию. Без полиции ну ни как не обойтись. И официальное утверждение Товарищества передвижников обер-полицмейстером Санкт-Петербурга С.П.Треповым состоялось.
Первая передвижная выставка открылась в Петербурге в залах Академии художеств 29 ноября 1871 года, привлекла к себе внимание и имела невероятный успех. Экспозиция состояла из 47 картин.

1886г. Слева направо сидят: В.Г.Маковский, К. А. Савицкий, И.Н.Крамской, Г.Г. Мясоедов, П.А. Брюллов, В.И.Суриков, В.Д.Поленов. Стоят: Н.Г. Маковский, А.К.Беггров, С.Н.Амосов, П.А.Ивачёв, А.Д. Литовченко, И.И.Шишкин, Н.В.Неврев, Е.Е.Волков, К.В.Лемох, А.А.Киселёв. Н.А.Ярошенко, И.М. Прянишников, И.Е.Репин.
Фотограф М.М.Панов.

6 декабря И.Крамской писал Ф.А.Васильеву*:
«...*Поделюсь с Вами новостью. Мы открыли выставку и она имеет успех, по крайней мере, Петербург говорит об этом. Это самая крупная городская новость, если верить газетам».*

Статистические данные подтверждают, что газеты не ошиблись. Выставку посетили более 30 000 человек. Было продано картин на сумму более 23 000 рублей.

В Третьем отделении надеялись, что у художников с их передвижными выставками ни чего не получится. Слишком хлопотное это дело перевозка дорогостоящих произведений искусства по городам и весям матушки-России с вечными дорожными проблемами и транспортом. К тому же аренда помещений? Кто осмелится предоставить помещение художникам, оказавшихся в немилости у властей? И за всё надо платить. Обанкротиться Товарищество! Но Третье отделение просчиталось. Просчитались все вместе взятые стоящие за жандармскими спинами.

Появление Передвижников в то время после освобождения крестьян от крепостной зависимости, было встречено в России с небывалым подъёмом. Организация выставок по всей России, была своего рода проявлением *«народничества»* и популярного в 70-е годы *«хождения в народ»*. Художники-передвижники воспринимались в русском обществе, как народники. И передвижные выставки вопреки ожиданиям специалистов из Третьего отделения, совершали победоносное движение по России. В этих Передвижных выставках участвовали лучшие, передовые художники России.

Примечание: Ф.А.Васильев*- Фёдор Александрович (1850-73) живописец.

В окончательном проекте Устава ТПХВ было 26 параграфов. Один из них касался деятельности и обязанностей доверенного лица, сопровождающего выставки картин, которым был первоначально художник А.Д Чиркин, избранный на общем собрании художников.

С 1882 передвижной выставкой картин принимал участие Павел Андреевич Ивачёв в качестве Заведующего.

Приступив к обязанностям Заведующего ТПХВ Павел Андреевич Ивачёв понимал принятую на себя ответственность. Он отвечал за сохранность картин на выставках и при переездах из одного города в другой, при упаковке в дорогу и при разгрузке ценного груза в местах назначения. Приходилось опасаться всяких неожиданностей. Определённая доля риска была. Но Ивачёв не мог бездействовать в ожидании пока найдётся ему место в одной из Кабинетских гранильных фабрик. Его привлекало общение с художниками. Со многими он был близко знаком по Императорской Академии Художеств и теперь принимал от них художественные работы, итог их многолетнего труда. Они отдавали ему свои картины, над которыми трудились годами, вкладывая в свою душу, чаяния и надежды. Теперь художники расставались со своими картинами на время или навсегда. Выстраданные картины отправляли на распродажу. Такова проза жизни. Но Художники жили, а порой только существовали за счёт проданных картин. Другой работы у них не было. Расставшись с одной картиной они приступали к работе над следующей, не зная о судьбе предыдущей, порою теряя её след в море жизни. Судьба картин была непредсказуема. Часто картины не ценились при жизни художников. И художников общество не замечало. Бесценные творения художников терялись и гибли в пути, варварски уничтожались во время войн или гибли при пожарах. О многих шедеврах мирового искусства оставались лишь названия и горькие сожаления об утрате. И великими и баснословно ценными они становились спустя многие годы.

Новое дело Ивачёв освоил быстро. Встречи с новыми людьми, разъездная работа его не утомляла. Принимая дела от А.Д.Чиркина Павел Андреевич обратил внимание как к Александру Дмитриевичу Чиркину относятся художники, как высоко они ценят его с виду простую работу связанную с новым явлением в российском обществе.

Павел Андреевич Ивачёв стал свидетелем, как при расставании художники передвижники решили отблагодарить Александра Дмитриевича Чиркина.

4 марта 1882 года Товарищество передвижников обратилось с письмом к А.Д. Чиркину.
«Милостивый государь Александр Дмитриевич!
В общем собрании 1882 г. 4-го марта Товарищество, желая почтить Вашу ревностную и сочувственную службу его цели-распространению любви к искусству России, поручило правлению выразить Вам глубочайшую благодарность и предложить Вам на память, как слабое выражение этой благодарности, работы членов его.
Члены правления:
П.Брюллов
К.Лемох
К.Савицкий

После этого письма Правление Товарищества обратились с письмом к каждому художнику следующего содержания.

Правление Товарищества обратилось, к членам общества с просьбой.
«Милостивый государь.
На общем собрании было решено почтить службу Товариществу А.Д. Чиркина, оставив ему на память что-нибудь из работ каждого члена.
В исполнение этого решения прошу Вас покорно вручить подателю сего ту из Ваших работ, которую Вы найдёте удобным пожертвовать для этой цели, не стесняясь ни размером, ни достоинством.
Будьте добры, пометьте на этом письме, что податель был у Вас, письмо же возвратите ему.
П. Брюллов
К. Лемох
К. Савицкий.
Примечание: Брюллов* Павел Александрович-член Правления ТПХВ. Состав Правления: П.Брюллов, К.Лемох, К. Савицкий.

На этом документе имеются пометы членов Товарищества:
Читал Н.Маковский.
Этюд «Нормандского рыбака» передал посланному. М.П. Клодт.
Читал А.К.Беггров.
Вручил посланному акварель. А.Боголюбов.
Этюд «Крымский» И.Шишкин.
Эскиз пером. А.Литовченко.
Читал И.Крамской.
Сам доставлю Г.Мясоедов.
Этюд «Мужики при огне» В.Максимов.
Читал К.Маковский.
Этюд «Ярмарка в Малороссии». Передал посланному. Н.Маковский.
Этюд. Передал посланному. Н. Маковский.
Этюд. Передал посланному. Н.Ярошенко.
(продолжение текста не сохранилось).

Вниманию читателей представлены письма Павла Андреевича Ивачёва, и его переписка за время его работы с художниками передвижниками. Авторы книги не стали брать из писем отдельные выдержки, а решили дать письма целиком, без сокращений. В таком виде они дают более полное представление, о человеческих взаимоотношениях и дают реальную картину того времени. При чтении писем невольно возникают сравнения со схожими ситуациями советского периода правления. Каждый внимательный читатель после чтения этих писем, вправе сделать свои собственные выводы, и обратит внимание на стиль письма и язык на котором общались люди в Российской империи. Поучительные письма. Приходится сожалеть, что найдена только часть переписки.

А.Д.Чиркин* - К.А.Савицкому*
21 ноября 1881 года. Киев. Гранд-отель.
Многоуважаемый Константин Аполлонович,

Дней десять тому назад я писал и просил у Вас немедленного ответа на моё письмо. Быть может Вы не получили моего письма? В таком случае я повторю Вам, о чём писал, и на этот раз прошу Вас ответить мне телеграммой. Дело в том, что я нахожу моё дальнейшее сопутствие выставок совершенно не нужным, ввиду того, что <u>Ивачёв уже достаточно ознакомился</u> с механизмом и может обойтись без меня. Мне же, откровенно признаюсь, надоело таскаться из города в город.
22 выставка закрывается, дня два пойдёт на укладку картин, и числа 25 картины могут быть отправлены. Но куда? Вы писали о Нежине и Курске, я сообщал Вам свои соображения, но ответа никакого ни мной, ни Ивачёвым не получено. Вы можете получить это письмо 23-го или 24-го, а я ответ-25-го. Согласно с этим ответом мы отправим картины в Харьков или куда правление их направит, а я уеду в Москву. Выставка здесь идёт очень успешно, посетителей много, и семь картин продано. Будьте же так любезны, телеграфируйте мне поскорей.
До свидания. Ваш душевно преданный А. Чиркин

Примечание: *Чиркин* Александр Дмитриевич художник. Он был заведующим Передвижных выставок, и то же выставлял свои картины. Он передал свои права и обязанности заведующего П.А. Ивачёву. К.А.Савицкий*- Константин Аполлонович (1844-1905) живописец.*

П.А.Ивачёв – ректору Университета св. Владимира в Киеве

21 сентября 1881 года. Киев

Его превосходительству ректору Университета св. Владимира.

Имею честь просить Ваше превосходительство сделать зависящее от Вас распоряжение о дозволении поместить передвижную художественную выставку картин в зале Университета, по примеру прежних лет. Выставка имеет быть открыта в Киеве не ранее ноября месяца и простоит приблизительно недели три.
Заведующий передвижной выставкой картин классный художник П.Ивачёв

П.А.Ивачёв – П.Брюллову*
1 декабря 1881 г. Харьков.
Многоуважаемый Павел Александрович.
Простите, что так долго не отвечал на Ваше письмо. Результат, конечно, вы знаете. Картина Ваша приобретена Пато*. Я всё сделал по Вашему указанию и спросил прежде Клугкиста*, но тот уступил «Алушту» Пато* и очень Вас благодарит за Ваше внимание и любезность.
В Киеве выставка имела огромный успех: 7 795 посетителей (с маленькими). Картин продано 6, но я уверен, что если б не помешал молодой Терещенко* своему отцу, то тот непременно купил бы несколько больших вещей: «Тёмных людей» и «Милостыню царицы». За первую давал 1 000 р., а за последнюю – 2 000 р. Кроме того, были запроданы им ещё две вещи: «Лампочки в саду» Левицкого и «На тяге» Прянишникова, но является молодой Терещенко и старики от всего отказываются. Так это вышло гадко, некрасиво, что просто из рук вон! Вероятно сын ещё скупее батюшки. А ведь какими страшными капиталами владеют люди! В нынешний год старик Терещенко* получил чистого дохода 1 800 000 рублей! Если б этот меценат искусства (как он себя сам считает) издержал третью часть своего дохода, то он мог бы приобрести 10 наших выставок, а не только одну картину покрупнее.

Прилагаю при сем список картин, какие будут выставлены в Харькове, так как правление обязало меня представлять из каждого города подобные списки.

Если не затруднит Вас, Павел Александрович, то передайте Константину Аполлоновичу следующее: ни какого тарифа при разборке бумаг я не брал, действительно, я держал его в руках, но снова положил в ту же кучку, откуда взял. Это был тот самый тариф III группы дорог, который я впоследствии получил от него, другого тарифа, II группы, я совсем не видал. Но та бумага, которую он помнит, что я взял тогда с собою, это была «Доверенность Товарищества» на моё имя, подписанная всеми членами правления и попавшая вместо моих рук в общую кучу. Не знаю, к которой группе принадлежит Московско-Николаевская железная дорога. Если к III, то мне никакой бумаги и не нужно.
Видел я в Киеве Поленова*, он едет с Праховым* и Абамелек* – в Египет. Счастливый!
Засим свидетельствую Вам и многоуважаемой Маргарите Григорьевне* моё глубочайшее почтение, имею честь быть Вашим покорнейшим слугою
    П. Ивачёв.

PS:Выставка откроется в Харькове дня через три (хотелось бы к 5-му декабря) в торжественном зале Университета. Ал. Дм. Чиркин уехал из Киева в Москву и всем вам очень кланяется.

Примечания:

IX-я выставка Товарищества передвижников.
Потто* Василий Александрович (1836-1912), генерал-лейтенант, военный историк
Клугкист* Генрих Карлович-киевский купец.
Терещенко Николай* Артемьевич (1819-1903) украинский сахарозаводчик
Терещенко Александр* Николаевич (1856-1911), сын Н.А. Терещенко. Отец и сын были собирателями картин.
В.Д. Поленов в конце 1881 года присоединился к А.В. Прахову и князю С.С. Абамелек-Лазареву. Из этого путешествия Поленов привёз серию этюдов и они экспонировались в 1885 году на 13-й выставке Товарищества передвижников.

Список картин, показанных на IX выставке в Харькове:
1. Боголюбов «Венеция».
2. Беггров «Канал в Дортрехте».
    «Новое Адмиралтейство».
3. Брюллов «Ночь в парке».
    «Мостик центавров».
4. Васнецов «Алёнушка».
5. Волков «Лес на болоте».
6. Каменев «Зима».
7. Киселёв «Перед ливнем».
    «Луговина».
8. Клодт «Милостыня царицы».
9. «Христос отрок».
10. «Мученица».
11. Крамской «Портрет Боткина».
    «Портрет Самойлова».
12. Лемох «Нищенка».
13. «Чухонец-нищий».
14. «Чужая семья».
15. Маковский «Крах банка».
    «На толкучке».
16. К.Е. Маковский «Этюд».
    Портрет Панаевой».
17. Н.Е. Маковский «Жатва в Малороссии».
    «Дорога в Алупке».
18. Максимов «Искатель клада».
19. Мясоедов «к Ночи».
20. Неврев «Дмитрий – Самозванец».
21. Поленов «Горелый лес».

«Зима».
22. Прянишников «Жестокие романсы».
23. Репин «Вечерницы».
24. *Портрет Писемского».*
25. *Портрет Мусоргского».*
26. Савицкий «Тёмные люди».
27. *«Пастух».*
28. *«Усиленная охрана».*
29. Саврасов «Рожь».
«Оттепель».
30. Шишкин «Дебри».
31. Ярошенко «Старое и молодое».
32. *«Портрет госпожи NN».*
33. *«Портрет госпожи ***».*
34. *«Этюд».*
35. Богданов «Бог посетил».
36. *«Куда теперь?».*
37. *«Как катит».*
38. Бодаревский «Не клюёт».
Вид Крыма».
39. Лагода-Шишкина «Тропинка».
40. Левицкий «В саду».
41. Кузнецов «В праздник».
«Объезд владений».

42. А.Е. Маковский «Ночь».

Примечания:
Лагода-Шишкина* Ольга Антоновна (1850-1881) рисовальщица и пейзажистка. Училась в петербургской Академии художеств в 1875-1876 гг. жена И.И. Шишкина.(первая жена Евгения Александровна, сестра художника Фёдора Александровича Васильева умерла в 1874 году).
Н.К.Бодаревский* в 1884 году был избран членом Товарищества
Н.Д.Кузнецов* избран в 1883 году.
Н.А.Кошелев* в члены Товарищества передвижников не принят.
Самая известная картина Шишкина *«Утро в сосновом лесу».* Шишкин художник-пейзажист и поэтому медведей на картине нарисовал ему художник Савицкий. Эти медведи в разном количестве и в разных позах присутствуют на всех подготовительных набросках картины. Первоначально на картине были имена обоих художников. Но Третьяков приобретший картину для своей Картинной галереи, снял подпись Савицкого.

Фото: 1886 г. Стоят:Г.Г. Мясоедов, К.А.Савицкий, В.Д.Поленов, Е.Е.Волков, В.И.Суриков, И.И.Шишкин, Н.А.Ярошенко, П.А.Брюллов, А.К.Беггров. Сидят: С.Н.Амосов, А.А.Киселёв, Н.В.Неврев, В.Е. Маковский. А.Д.Литовченко, К.В.Лемох, И.Н.Крамской, И.Е.Репин, П.А.Ивачёв, Н.Е.Маковский.

Выставка Товарищества передвижников была открыта в Петербурге, в здании Академии наук с 7 марта по 25 апреля 1882. Это была юбилейная выставка, обострившая ревнивые отношения академиков с художниками Передвижниками.

7 марта 1882 г. конференц – секретарь Академии художеств П.Ф. Исеев информировал совет Академии о своём отрицательном мнении, об этой выставки Товарищества передвижников в стенах Академии художеств, ссылаясь на несущественные препятствия для выделения места для художников Передвижников и предлагает *«открыть выставку будущей осенью»*

В правление Товарищества передвижных художественных выставок
*От заведующего выставкой Ивачёва
1 апреля 1882 г. Санкт-Петербург.*
На общем собрании 4-го марта сего года г.г. членами Товарищества, между прочим, постановлено было приискать необходимого артельщика для исполнения при выставке различных обязанностей и поручений, а главнейшим образом для разъездов по провинции, где ощущается настоятельная необходимость в подобном человеке.
Представляя при сем условие, заключённое мною с петербургским мещанином Константином Хохловым, покорнейше прошу правление утвердить мой выбор и считать его на службе с 7-го марта сего 1882 года, то-есть со дня открытия Х-ой передвижной выставки в Петербурге.
Заведующий выставкой Ивачёв.

П.А.Ивачёв-К.А.Савицкому
10 мая 1882 г. Москва.
Дорогой Константин Аполлонович!
...Удивлялись Вы, наверное, что в Москве так долго не открывалась наша выставка. Дело в том, что генерал-губернатора не было в Москве, а без него обер-полицмейстер не мог позволить. Наконец в пятницу генерал-губернатор вернулся, но не один, а с князем Болгарским*. Ни кого из обыкновенных смертных к себе не принимал. Жемчужников* не поехал-заседание помешало, Вл. Ег. Маковский* уехал на дачу, я остался в безвыходном положении, отправляюсь сам в канцелярию, прошение, ожидание тянулось 4-5 часов, наконец кое-как добился у управляющего канцелярией и живо марш с пакетом (в собственные руки) к оберполицмейстеру, чтоб разрешили напечатать объявление-словом, едва-едва удалось, но всё же в воскресенье открыл. Каталоги не поспели, так как их нужно было ещё в цензуру, то я взял их сырыми и с Хохловым сложили, обрезали и вложили в петербургские обложки; дёшево вышло и сердито. Если будешь посылать мне твою картинку*, то пусть Вася Хохлов положит в этот ящик из кладовой старых каталогов: с ними я сделаю это же самое, чем пропадать.
Выставку устраивать помогли мне добрые люди <u>*Илья Ефимович* и Василий Дмитриевич**</u> *и, правду сказать, разместили картины очень хорошо. Продажи мною ещё не учинено никакой; если что будет, то непременно сообщу.*
Москвичи А.Д. Чиркину ещё никто ничего не приготовил*; я решил заказать рамки на петербургские вещицы у Мо*. Усберга* здесь нет или болен, чёрт его знает. Киселёв* теперь уже я думаю, в Париже, т.к. выехал отсюда неделю тому назад. Он поставил на выставку два пейзажа: «Заброшенная мельница» и «Перед весной». Первая-прелестная вещь, на мой взгляд,- лучше «Стада».
Погода здесь стоит прекрасная; все разъехались, кто куда может. Нужно бы нам было сейчас же после Пасхи ехать сюда, или ещё лучше-устроить выставку сначала здесь в обычное время пасхи, а в Петербурге-осенью и уже оттуда начать двигать.
На мануфактурную выставку отправил раму с картины Волкова*, три вещи Левицкого*, и одну Чиркина- бюст Рубинштейна.
Писать особенно не чего. Жду вашего приезда сюда с Карлом Викентьевичем*, а теперь желаю пока на сто лет здоровья и больше денег.
С полнейшим уважением остаюсь готовый к услугам П.Ивачёв.

PS: *Скажи Ефиму Ефимовичу, если увидишь, чтоб он выслал вместо «Крыма» какую-нибудь другую вещицу для А.Д. Чиркина, чтоб мне успеть поскорее, заказать на неё рамку*. Прежний его дар я взял назад.*

Будь здоров, жму руку. Весь к твоим услугам Ивач(ёв). PPS: Выставка открылась в Москве 9-го мая, в воскресенье. Каталоги были готовы к первому дню. Публика идёт ужасно плохо; в первый день 159 человек, а сегодня за сотню. К прилагаемому при сем каталогу прошу прибавить ещё два маленьких пейзажа А.Е. Маковской*, по 50 р.каждый (Владимир Егорович* просил поместить их на выставку). Вот и весь состав московской выставки. Донося об этом правлению, имею честь быть покорнейшим слугою. *П.Ивачёв*

Примечания:

Князь Болгарский*-принц Александр (1857-1893) сын Австрийского генерала, племянник русской императрицы. Был избран на болгарский престол в 1879 году. Отрёкся в 1886г.
Жемчужников* - Лев Михайлович (1828-1912), российский гравёр и живописец. Выставка Товарищества устраивалась в помещении Училища живописи, ваяния и зодчества, находившегося в ведении Московского художественного общества, где секретарём был Л.М.Жемчужников. Поэтому он обычно ходатайствовал перед генерал-губернатором о разрешении выставки Товарищества передвижников
Мо*-владелец склада багетов на Тверской улице в Москве
Аусберг* - (Ю.Р. Осберг) владелец магазина эстампов и художественных принадлежностей на Неглинной улице в Москве.
Мануфактурная выставка - так её называл художник А.Д.Чиркин, от которого П.А.Ивачёв принял обязанности Заведующего. На этой выставке выставлялись работы отдельных художников передвижников и среди них картина А.Д.Чиркина *«Лошади»*.
...будешь посылать мне твою картинку*- На каждую картину художник, автор прилагал схематичную картинку, отображающую сюжет картины, для опознания. Своего рода паспорт картины. Что было важно при постоянных переездах и перемещениях.
Москвичи А.Д.Чиркину ещё никто ничего не прислал*- Имеются ввиду подарочные картины или эскизы для А.Д. Чиркина в благодарность за его работу в качестве заведующего.
...Заказать рамку для А.Д.Чиркина – из этого замечания следует вывод, что для подаренных картин А.Д. Чиркину, ТПХВ заказывали рамки!

П.А.Ивачёв – ректору Университета св. Владимира в Киеве
25 июля 1882 г. Москва
Его превосходительству господину ректору
киевского Университета св. Владимира
от заведующего Х-ой передвижной художественной выставки художника Ивачёва
Х-я передвижная художественная выставка картин в последних числах будущего августа месяца должна прибыть в Киев. А потому покорнейшее прошу Ваше Превосходительство, по примеру прежних лет, не отказать мне в помещении картин в актовом зале Университета сроком от 25 до30 дней, считая днём открытия выставки приблизительно 1-е сентября.
Почтительнейше прошу не оставить меня без уведомления. Адресовавши ответ г-ну Мурашко, в Рисовальную школу, что на Владимирской улице, около театра, для передачи мне.
Заведующий передвижной выставкой картин
классный художник П.Ивачёв.

Примечание:

В 1882 году ректором Университета св. Владимира в Киеве был Иван Иванович Рахманинов (1826-1897) математик, астроном, выпускник московского университета.

П.А.Ивачёву было отправлено ответное письмо:
И.И.Рахманинов-П.А.Ивачёву
2 августа 1882 года
«Разрешение просьбы Вашей о предоставлении на сентябрь месяц этого года актовой залы университета для Х-ой передвижной выставки зависит от Совета Университета. Которому и будет доложено Ваше ходатайство в первом августовском заседании. Вероятно, Совет Университета не встретит препятствий к удовлетворению Вашей просьбы, так как собраний, для которых бы потребовался зал в сентябре, сколько теперь известно, не предстоит».

П.А.Ивачёв — И.И.Рахманинову
11 октября 1882 г. Елизаветград
Ваше превосходительство, многоуважаемый Иван Иванович!
В августе месяце я обращался к Вам с покорнейшей просьбой о помещении передвижной выставки в университетском зале в течение сентября, но маршрут выставки, по некоторым обстоятельствам, изменился; она направлена была, прежде всего, в Харьков, а посещение ею Киева отнесено на декабрь. Но опасаясь, что университетский зал в декабре не свободен, я два раза обращался к Ивану Васильевичу Лучицкому* с покорнейшей просьбой разрешить моё сомнение и сообщить мне: когда бывает акт? Нельзя ли рассчитывать на зал в первой половине декабря? Можно ли приехать после праздника Рождества Христова? Устраивается ли что-нибудь в зале во время самих праздников? Не приехать ли, наконец, с выставкой сейчас же из Харькова? Но до сих пор не могу дождаться от него ни какого ответа, что заставляет меня предполагать, что г. Лучицкий или болен, или отсутствует. Между тем потребность в сведениях о Киеве так настоятельна, что я в отчаянии решаюсь, наконец, этим письмом беспокоить лично Вас, многоуважаемый Иван Иванович, прося Вас убедительно ответить только на один вопрос: когда мне лучше приехать, что б не стеснить Вас относительно залы? Простите мне, если я злоупотреблю высоким вниманием Вашим к делу Товарищества и так бесцеремонно прошу ответа на важные для меня в настоящую пору вопросы. Выставка пробудет в Елисаветграде до 24 октября.
Позвольте мне ожидать от Вас скорого указания, разрешения или приказа - явиться с выставкой в удобное для Вас время.
С чувством глубочайшего уважения, имею честь быть Вашим слугою
Художник П.Ивачёв.

Адрес в г. Елисаветград, в зале Дворянского собрания, распорядителю передвижной выставки Павлу Андреевичу Ивачёву.

Примечания: Лучицкий Иван Васильевич (1845- 1919) профессор истории Университета св. Владимира. Он находился за границей «с научной целью» до 20 октября 1882 года, по этой причине не мог ответить на письма П.А.Ивачёва

19 октября 1882 года ректор Университета св. Владимира известил Ивачёва:

«Милостивый государь Павел Андреевич!

На письмо Ваше от 11 текущего октября имею честь уведомить Вас, что торжественная зала Университета св. Владимира для устройства в ней передвижной выставки может быть Вам предоставлена в декабре текущего года и ни как не позже 1 января 1883 года, так как в начале генваря 1883 года торжественная зала должна быть свободной для торжественного акта Университета св. Владимира.
Ректор Университета св. Владимира
И.И.Рахманинов
Примечание:
Х-я выставка Товарищества передвижников была открыта в торжественном зале Университета с 9 декабря по 4 января 1883 года

П.А.Ивачёв - П.М.Третьякову*
26 ноября 1882 г. Одесса
Многоуважаемый Павел Михайлович!
Простите, ради Бога, что я не сообщил Вам об отъезде Фета* в провинцию. Вас не было в это время в Москве, а правление наше очень желало, что бы эта прелестная живопись путешествовала. Вот точные размеры портрета: вышина – 18 ½ вершков, ширина 14 ½ вершка и толщина подрамка - 3/8 вершка.
...Благодарю Вас от всей души, многоуважаемый Павел Михайлович, за то внимание и интерес, с каким Вы относитесь к делам нашего Товарищества, и с особенным удовольствием поделюсь с Вами всем, что касается передвижной выставки.
Скажу, во-первых, что в Харькове она пользовалась большим успехом: публики было 5 679 человек, больше, чем в Москве за всё лето. Картин продалось 8:
1. «Узник» Вл. Маковского Филонову* за 1 200р.
2. «Бобыль» Прянишникова ему же за 250р.

3. «Прилесок» Волкова ему же за 100р.
4. Кореневу продан Максимов «Сегодня кисель» за 150р.
5. Рубинштейну – Максимова «Перед сенокосом» за 200р.
6. Ему же «Взморье» Боголюбова за 250р.
7. Ему же «Аллею» Боголюбова за 600р.
8. Ему же «На попечении у бабушки» К. Маковского за 800р.

...Елисаветград приветливо встретил выставку* и дал около 300р. дивиденда. Продал я там только две картины «Обрыв» Поленова г-ну Бакланову (сын московского) и «Сумерки» Мясоедова, ему же.

В Одессе* много было возни с помещением, и если б не иностранцы, то мне, пожалуй, пришлось бы уезжать оттуда. Биржа набирает солдат, клубы танцуют, в университете темно, и наконец-то добрый жид и немец – предложили на выбор два дома. Я выбрал дом Шульца и занял прекрасный бельэтаж за 100 рублей в пользу благотворительного общества немецкого. Но отвратительная погода испортила всё дело. Страшная метель завалила все дорожки на выставку и подорвала нашу торговлю. Посетителей было только 3 667 человек, дивиденд около 400 рублей. Картин продано 4:

«Девочка с гранатой Кон. Маковского г-ну Маврокордато за 700 рублей, «Речка Псёл» Н.Маковского – 375 рублей купил Воробьёв, и, наконец, две маленькие картинки Киселёва «Весна» купил Немитц. Послезавтра еду в Киев*, где расположусь в университетском зале. Там теперь гостит выставка польских художников* и, кажется, много нам напортит. «Опять картины, - скажут киевляне, - да ну их, надоели!» - и не пойдут, пожалуй.

Размарицын*, говорят, окончил прелестную картину; все, кто видел, - в восторге. Вероятно она будет у нас на XI передвижной выставке.

Ах, как бы мне хотелось продать что-нибудь бедному Ивану Ивановичу Шишкину*! Все решительно восторгаются его «Камой», «Речкой», но покупателей нет как нет!
Отчёт мой окончен.
П.Ивачёв

Примечание: об отъезде Фета*- Портрет поэта А.А.Фета принадлежал П.М.Третьякову и экспонировался на X выставке Передвижников.
Филонов* Борис Григорьевич- помещик, любитель искусства.. Приобретенная им картина В.Е.Маковского «Узник» находится в собрании Харьковского художественного музея.
Елисаветград встретил выставку*-«*Выставка была открыта в зале Дворянского собрания с 7 по 24 октября 1882 года.» вход от 10 часов утра до5 часов вечера с платою по 30 копеек. Дети и учащиеся классической и военной прогимназии. Военного училища, женской и кодиевской гимназии и духовного училища платят по 10 копеек. Посетители вечерних рисовальных классов имею бесплатный вход по билетам академика П.А.Крестоносцева. Объявление в газете «Елисаветградский вестник».*
На выставке экспонировалось 70 картин. X- выставка Товарищества передвижников была направлена в Елисаветград по просьбе «Елисаветградского общества», которое уполномочило своего местного художника Крестоносцева отнестись с просьбою лично в главное управление передвижных выставок, дабы на будущее время выставки посещали ежегодно и город Елисаветград, который решил гарантировать от себя расход и затраты, могущие произойти на первый раз. На поездку, прибытие, постановку и содержание выставки.
В Одессе*- X- выставка картин Товарищества передвижников в Одессе разместилась на Надеждинской улице, в доме Шульца, в залах евангелистического общества с 6 по 24 ноября 1882 года.
Киев* - X- выставка картин Товарищества передвижников была открыта в Киеве в актовом зале Университета святого Владимира с 9 декабря1882 года по 4 января 1883. и пользовалась большим успехом.
Выставка польских художников* - открылась в Киеве 14 ноября 2882 года. Выставка разместилась в том же университетском зале, где была развёрнута X выставка Товарищества. На ней экспонировалось более 40 картин и гравюр среди которых работы:Я.Матейки, Г.Семирадского, В.Герсона, И.Зиммлера, гравюра В.Редлиха и других. Выставка пользовалась большой популярностью, особенно среди слоёв польского населения.
Розмарицин* Афанасий Прокопиевич (1844- 1917) Речь идёт о его картине «Панихида».

17 декабря 1882 года Ивачёв сообщал Третьякову: «Картина «Кама» продалась в Киеве г-ну Тарновскому. Его «Речка» продана Клугкисту в первый же день открытия выставки за 1 700 рублей. Сегодня телеграфировал о картине «Лес» (сосновый с освещёнными верхушками). Дают 800 рублей может быть Иван Иванович согласится, хотя это ужасно дёшево!»

П.А.Ивачёв – П.М.Третьякову
17 декабря 1882 года
«...Вообще развитие вкуса и потребность изящного быстро растёт в тех городах, где бывает передвижная выставка. Киев страшно прогрессирует в этом отношении. Картины наши смотрят с такой жадностью, как нигде. Киев даёт 5% посетителей, между тем как Петербург даёт только ¾ %. Я не пророк, но мне кажется. Не пройдёт и 10-ти лет, как в Киеве будет если не Академия, то громадная рисовальная школа. Такая жажда у молодёжи!»

П.А.Ивачёв – А.А.Потебне*
...12 декабря 1882 года. Киев
Многоуважаемый Александр Афанасьевич!
Вот уже 4 дня, как передвижная выставка чарует своими пейзажами киевлян. «Речка» Шишкина продалась в первый же день за 1 700 р., а вчера и сегодня телеграфирую о «Каме». Претендентов на эти пейзажи явилось много: За «Каму» предлагают 2 500 р. Жалею, что поспешил с «Речкой» дали бы больше.
Боюсь утомить Вас своим непрошенным отчётом, скажу коротенько о Елисаветграде* и Одессе. Елисаветградцы встретили выставку весьма радушно, дали прекрасное помещение в Дворянском клубе, и посетителей было 2 250 человек. Сбор –540 р., а дивидента осталось 288 рублей. Большего требовать нельзя с этого маленького города... Зато у них есть при Земском реальном училище прекрасная Рисовальная школа, какой не снилось Харькову. Учащихся 60 человек... Учителем академик Крестоносцев.
В Одессе помещение для выставки не мог найти, как только в частном доме. Маразли не было, все клубы открыли свои танцевальные сезоны, если бы на помощь не пришли друг еврей и немец, я не знал бы, что делать. Некто Шульц предложил прекрасный бельэтаж в своём доме за 100 р. в пользу евангелического общества для бедных, и я успокоился.
Жаль только, что погода была скверная. Однако ж публики было 3 667человек на 1 662 р. Дивиденда осталось 540 р. Картин продано 4: «Речка Псёл» Н Маковского, «Девочка с гранатой» К.Маковского и два маленьких пейзажа Киселёва. В Елисаветграде продалось 2 вещи: «Обрыв» Поленова, и «Сумерки» Мясоедова...
Шишкин писал мне в Одессу, чтоб я пристроил его пейзаж «Лес вечером» в Университет за третью часть цены, даже меньше. (он был назначен за 3 000р., но профессор Кондаков за границей, и я ничего не мог сделать. Не найдёте ли Вы возможным, многоуважаемый Александр Афанасьевич, предложить Харьковскому университету сделать эту недорогую покупку для музея? Вещь эта прекрасно нарисована и написана просто, без погони за эффектом.
Из Киева выставку приглашают на январь месяц в Варшаву. Общество русских вошло в сношение с правлением нашим и просит его прислать к ним в Варшаву нашу странницу Х-ую передвижную выставку. Не знаю, чем эти переговоры кончатся и что из этого вообще воспоследует.
Здесь в Киеве долго гостила (по приглашению киевлян) выставка польских художников и дала порядочный сбор-6 000 посетителей. Польский элемент Киева всеми силами старался поддержать своих и бывали на выставке чуть не каждый день. Из числа 45 номеров вещей 5 были действительно хороши. Тут были имена Матейки*, Семирадского*, Зимлера* Брандта* и других. Но общий уровень выставки до такой степени слаб, что наша передвижная «бьёт её решительно наповал». Это общий голос публики. Пейзажа у поляков совсем нет. И так странен для нас этот пробел в польском искусстве! Не знаешь, право, чем объяснить это явление: нелюбовью к природе, недостатками ли хороших руководителей по пейзажу? Или чем другим...

Затем остаюсь исполненный глубочайшего выражения к Вам, покорнейшим слугою Вашим. Ивачёв.

Примечания:
Потебня*Александр Афанасьевич (1835-1891)-филолог, профессор Харьковского университета, член-корреспондент Академии наук.
Крестоносцев* (Волгин) Пётр Александрович (1837- ?*) художник-портретист. Учился в петербургской Академии художеств с 1859 г. классный художник первой степени. С 1873 г., академик.
Х-я выставка Товарищества передвижников была открыта в Варшаве с 21 января по 9 февраля 1883 года.

Польские художники: Ян Матейка* исторический живописец (1838-1893), Генрих Семирадский* (1843-1902), исторический живописец, выпускник Харьковского университета, в 1864-1870 гг. учился в Петербургской Академии художеств. Иозеф Зиммлер* (1823-1868) исторический живописец, портретист. Иозеф Брандт* (1841-?*) анималист, баталист
Елисаветград. В советское время Кировоград*

П.А.Ивачёв – А.А.Киселёву*
...4 января 1883 года. Киев.
Милейший из смертных Александр Александрович!
Сообщаю Вам некоторые сведения:
Харьков 20 дней посетителей 5 679 продано 8 картин на 3 350р.,
Елисаветград 18дней посетителей 2 250 продано 2 картины 600р.,
Одесса 19 дней посетителей 3 667 продано 4 картины на 1175р.,
Киев. Посетителей 6 953 продано 8 картин на 9 100р.,
Числа 8-го или 9-го отправляемся в Варшаву, чтоб порастрясти тот дивиденд, что дал Киев. Хорошего от этой поездки я ничего не вижу: поляки ни за что не пойдут смотреть русские картины, а элемент наших соотечественников в Варшаве, во-первых, мал, во-вторых, и он наполовину ополячился. Кроме того, выставка наша уже значительно поощипалась в дороге; многие вещицы розданы, нельзя было удержать. Даже Терещенки не хотят пускать своих вещей в Варшаву. Явиться на первый раз к полякам с остатками выставки, по-моему, не резон, впрочем, не буду загадывать, может быть, всё обойдётся благополучно. (далее П.А. Ивачёв перечисляет проданные картины, вырученные за ни суммы и новых владельцев. Сохранены сведения о проданных картинах А.А. Киселёва НД)*
Ваши «Волки» Хрякову за 220р., 5 р. издержал за пересылку. Пейзаж Орурку за 80р., и «Прудок» Терещенко за 100р. Вот и всё.
Соберитесь с энергией и давайте нам ещё, что-нибудь, вроде «Мельницы».
Весь Ваш П.Ивачёв
PS: *Сегодня выставка закрывается. Хотел до 6-го, да нельзя: 8-го акт в Университете.*
Примечания:
Хряков*Николай Григорьевич киевский купец, Председатель биржевого комитета. Он приобрёл пейзаж А.А.Киселёва «Перед весной с волками»
Граф о,Рурк* купил пейзаж А.А.Киселёва «Слободка»(Дубровицы).»
«Заброшенная мельница» куплена П.М.Третьяковым.
«Прудок» купил Терещенко.
Опасения П.А.Ивачёва не оправдались. 26 января 1883 года в газете «Варшавский дневник» опубликовано: «Передвижная выставка картин шаг за шагом завоёвывает себе расположение у публики».

П.А.Ивачёв – И.И.Шишкину
Одесса. 9 ноября 1882г.
Многоуважаемый Иван Иванович!
Верю скорби Вашей, что прекрасные «Кама», «Речка», и «Вечер» до сих пор остаются непроданными; вполне разделяю с Вами тоску ожидания, но вместе с тем верю, что эти прелестные невесты не вернуться в родительский дом! Дайте только сроку! Ведь сказать по правде, в нынешнем году мы в Москве не были. Нашу выставку не видал никто. Елизаветград считать нечего – только маленький городишко. Выходит, что только один Харьков – это единственный жених видел и вполне оценил Ваших милых барышень. («Вечер» менее нравился, хотя и он обращал на себя внимание многих). Были такие посетители, что специально приходили взглянуть на «Каму» и на «Речку» и страшно соболезновали, что цены не по их карману. Если в Киеве не найду покупателя, то я уже заручился двумя верными покупателями в Харькове. Которые просили сейчас же написать им, если «Речка» и «Кама» останутся непроданными, а с Вами они войдут в переписку относительно уступки. Скажу Вам даже фамилии этих влюблённых господ. За «Речкой» ухаживает г. Филонов, и если будете уступать, то не уступайте меньше, чем на 2 000р., в крайности 1800р.. Относительно «Камы» будете иметь дело, вероятно, с госпожой Красовской* (её муж купил у меня в Москве 5 картин), то меньше 2 300 и только в крайности 2 000р. уступать не нужно. Но я уверен, что до этого безобразия не дойдёт. У нас останется впереди прекрасный Киев, и если что не продастся здесь, то постараюсь пристроить в Киеве, а может быть., даже и в Варшаве, если только состоится*

туда моя командировка. Во всяком случае Вам, уважаемый Иван Иванович, особо заботиться ещё рано! Я не замедлю обрадовать Ваше родительское сердце добрыми вестями, если не отсюда, из Одессы, то из Киева. Относительно «Вечера» сегодня пойду к Кондакову (я с ним знаком) и сообщу о результате. Примите мой искренний привет и сердечное желание Вам всего хорошего и низко кланяюсь всем Вашим.
От всей души благодарю Вас за приятное для меня известие, что Товарищество довольно их покорным слугой. Правдивая оценка моего усердия, поступков, полнейшей преданности делу есть лучшая награда для меня! Вначале я со страхом брался за дело.
Мало быть только честным, -на моём месте нужно быть и ловким и житейски мудрым. Насколько я верил в себя относительно честности, настолько же сомневался в отношении последних двух качеств, но оказалось, что горшки обжигают не боги и что до сих пор всё идёт как по маслу. Что будет дальше не знаю. Ещё раз будьте здоровы и верьте в мою полнейшую преданность, как делу так и лично Вам.
С глубоким уважением остаюсь верным слугой Вам
П.Ивачёв.
PS: Угораздило нас попасть в Москву в такое время... Х-я выставка была открыта в Москве с 9 мая по 25 августа 1882 года, когда многие состоятельные москвичи разъехались отдыхать.

П.А.Ивачёв-И.И.Шишкину
15 декабря 1882 г.
Многоуважаемый Иван Иванович!
Вероятно, вы давно ждёте от меня подробного отчёта из Киева, и вот я к Вашим услугам. «Кама» и «Речка» такой шум наделали в Киеве, что я ждал между покупателями, если не драки, то ссоры. Первым явился Терещенко*, но ему «Речка» не особенно понравилась. Затем явился Ключкист* и просит телеграфировать о «Речке» за 1 500 я согласился телеграфировать только тогда, если он предложит 2 000р., наконец, согласились спросить 1 700р. и жаль что Вы не назначили в ответном телеграмме больше! Впрочем, как знать? Если Терещенко нашёл что-то такое в небе, значит или не купит совсем, или будет до слёз торговаться, а кроме него крупных покупателей не предвидится; вот я и решил спросить Вас за такую маленькую сумму. Только что получено было Ваше согласие. Как явился Пото*. Ужасно досадно ему было, что опоздал. Стали торговать «Каму». Сначала Пото за 2 200р., а потом Терещенко дал 2 500р.Но когда получен был от Вас ответ, что продана Третьякову я решил ещё раз телеграфировать Вам, в полной уверенности, что Вы Третьякову уступили дешевле репы и что 600-700 р. для вас всё-таки будут не лишни к празднику. Если бы не проклятая нужда и если бы Киев был не последний город, я ни за что бы не поверил, что эти прекрасные вещи пойдут так дёшево! Киевляне молодцы! С каждым годом является всё больше любителей. Но дорогие вещи продавать трудно; нет таких богатых, как Терещенко. Этот считает себя самым форменным меценатом и, вероятно, что-нибудь купит у нас. Ах, если бы только не был он так скуп. Неврева* бы продать ему. Клодта*. В провинцию продавать картины весьма важно: во-первых, это вызывает соревнование, во-вторых, развивает вкус, а с другой стороны зависть. То и другое нам полезно. Будьте здоровы, желаю Вам всех благ, примите мои поздравления с наступающим праздником, низко кланяюсь Вам и все домочадцам Вашим, так же и всему почтенному Товариществу, истинным слугой которого остаюсь.
П. Ивачёв.

PS: X-ой выставкой киевляне восторгаются. Куда она выше польской. Которая только что закрылась в Киеве. Её считают выше всех предыдущих по общему уровню.

Примечания:
Ключкист*- киевский коллекционер.
Потто* Алексей Львович-киевский коллекционер.
«Кама» была приобретена киевским коллекционером Я.В. Тарковским*
Неврев* Николай Васильевич (1830-1904) живописец, портретист, автор исторических картин. Учился в московском училище живописи и ваяния. В 1859 году получил звание классного художника. С 1881 г. член ТПХВ. Жанровые картины, обличающие тёмные стороны русской действительности.
В ноябре-декабре 1882 года в Киеве была открыта выставка польских художников
***

Несколько слов о работе П.А.Ивачёва в составе Товарищества передвижников, можно судить на примере его участия в судьбе художника Е.Е.Волкова.
Ефим Волков родился 23 марта 1844 в семье фельдшера. Воспитывался в частном пансионе, учился в петербургской Введенческой гимназии. Недолго поработал канцелярским чиновником в Министерстве юстиции и Департаменте государственных имуществ и вышел в отставку, по другим сведениям был уволен.
В1866 году 22-х лет от роду, Волков стал посещать Рисовальную школу Императорского *«Общества поощрения художеств»*. Общество содержало школу, засчёт пожертвований и было известно в Петербурге своими конкурсами для молодых художников, среди которых оказался великовозрастный Ефим Волков. Но для истинного таланта возраст не помеха. За один год Волков прошёл четыре класса обучения и в следующем 1867 году оказывается среди вольнослушателей Императорской Академии художеств. Он доучился только до *«натурного класса»* и покинул академию со званием <u>*«неклассного художника»*</u> за картину *«Вид окрестностей Петербурга»*. Время он проводит в неустанных трудах с мольбертом в руках, результатом которых, были множество этюдов окружающей природы.
В 1871 году он создаёт первую картину *«Болото осенью»* ставшую визитной карточкой его мироощущения. В 1872 появляется вторая его картина на ту же тему: Осеннее болото. Появление этой картины на выставке Общества поощрения художеств, привлекает к себе всеобщее внимание и восторженные отзывы специалистов. Картину безвестного Волкова отправляют на Всемирную Лондонскую выставку, где она получает Бронзовую медаль. После этого успеха Общество поощрения художеств назначает Волкову стипендию общества, и он теперь может целиком посвятить себя живописи. Русский пейзажист и рисовальщик Волков постоянно в работе. Им создано сотни пейзажей, великое множество этюдов, в которых раскрывается его талант. Он впервые применил в своих работах эффект едва уловимой дымки над мирно спящей болотистой и речной северной природе.
Несмотря на свои достижения, Ефим Волков всё ещё оставался даже вне общества Товарищества передвижников. Наконец свершилось. 21 марта 1879 года на общем собрании художников-передвижников Ефим Волков был избран членом товарищества.
<u>Е.Волков и П.Ивачёв</u> *были одногодками. Оба учились в Императорской Академии художеств, но было ещё что-то неуловимое сближающее их.* П.А.Ивачёв пишет письмо П.М.Третьякову.

Письмо П.А.Ивачёва-П.М.Третьякову
15 мая 1883 года.
Многоуважаемый Павел Михайлович!
Вряд ли Волков отдаст «Первый снег» за восемьсот рублей, вернее всего, что- нет, так как пейзаж этот он считает лучшим из всех выставленных им в нынешнем году. Первоначальная цена его - 1500 рублей, крайняя, ниже которой я не имею права спускаться – 1200 рублей, но полагаю, что для Вас он отдаст за 1000 рублей. Только надо спросить его об этом телеграммой. Уполномочьте меня телеграфировать Волкову за 1000 рублей, и я завтра же получу ответ и, наверное, удовлетворительный. Написал бы ему письмо, но он скоро уезжает в деревню.
Мне бы следовало написать об этом Терещенко*. Так он хотел его приобрести для брата, в бытность свою в Петербурге, но я не уверен – в Киеве он теперь или за границей, пожалуй, придётся ждать ответ недели две-три. О нём (о пейзаже) он выражается так: что если не продастся в Петербурге или Москве, то он его покупает, когда выставка прибудет в Киев. Принимая во внимание эту (так сказать) заручку, я полагаю, что Волков не решится на предложенную Вами сумму.
В заключение – позвольте мне предложить Вам другой, более простой способ для оценки этой «Зимы»: она в шесть раз больше прошлогоднего маленького пейзажика «Весна», приобретенного Вами за 250 рублей. Увеличьте эту цифру в шесть раз и отбросьте, как уступку, пятьсот рублей, и прикажите мне послать Волкову телеграмму о тысяче рублей.
С чувством глубочайшего уважения к Вам имею честь быть Вашим покорнейшим слугою
    П. Ивачёв.

Третьяков согласился с доводами Ивачёва и за «*Ранний снег*» заплатил Волкову тысячу рублей. В то время художнику попасть в галерею Павла Михайловича Третьякова было почётно. И далеко не так просто, как растиражировано было в советское время: *Купец Третьяков нажил себе миллионное состояние и скупал за бесценок произведения русских художников*. На деле всё было несколько иначе. Не такое уж крупное состояние было у братьев Третьяковых создающих Картинную галерею, которую они спустя время, передали в дар Москве, другими словами, подарили русскому народу. Были упрёки, что коллекционер Третьяков слишком расчётлив, и торгуется чуть ли не из-за рубля. На эту тему отозвался В Стасов в письме П.М.Третьякову:
«Всякий, кто способен понимать Вас и Ваш подвиг, должен только аплодировать этому «торгашеству»... Чем более Вы способны сэкономить при покупках, тем более Вы можете купить для чудной Вашей коллекции, для будущего времени, для Отечества»

П.А.Ивачёв – И.И.Шишкину
Одесса. Биржевой зал, выставка картин
4 февраля 1886 г.
Многоуважаемый Иван Иванович!
При последнем свидании с Вами Вы поручили мне не привозить «Лесной уголок» обратно, а отдать его хоть за 500р. профессору Кондакову* для музея, если пейзаж этот останется по окончании путешествия не проданным. Через 5 дней выставка в Одессе закроется, и я считаю долгом уведомить Вас, что непроданный пейзаж Ваш я оставляю г.Кондакову, которого я сегодня видел и говорил с ним. Он с радостью принимает это дар и будет хлопотать о том, чтобы отпустили 500р. из университетских сумм на уплату за картину. Если Вы что-нибудь имеете против моего поступка (в полном согласии с Вашим указанием); то сообщите поскорее по телеграфу. Молчание же Ваше будет означать, что Вы отдаёте картину Кондакову за 500 рублей. От всего сердца желаю Вам доброго здоровья и всяких радостей и прошу засвидетельствовать мой искренний поклон добрейшей Виктории Антоновне* и всему Вашему семейству. А равно и почтеннейшим художникам нашим.
Выставка путешествует нынче очень плохо. Публики по всем городам так мало, как никогда. Во-первых, погода преследует нашу XIII-ю выставку самым злостным образом, а во-вторых, публика находит, что нынешняя выставка гораздо хуже предидущих. Впрочем, подобный вывод приходится мне слышать каждый год.
С глубочайшим уважением остаюсь весь к услугам Вашим
П.Ивачёв.

Примечания:
Кондаков* Никодим Павлович (1844-1026), историк византийского и древнерусского искусства. Академик Петербургской Академии наук (1898) с 1920 года в эмиграции.
Виктория Антоновна* свояченица И.И. Шишкина, воспитывающая его детей Лидию и Ксению.

П.А.Ивачёв- В.М.Гаршину*
27 февраля 1884 г.
Милостивый государь Всеволод Михайлович!
Члены передвижной выставки соберутся во вторник 24 февраля в Метрополе (Малая Конюшенная). Извещая Вас о сём, Товарищество просит Вас сообщить ему- не пожелаете ли Вы принять в этом обеде участие и пожаловать в Метрополь в четверть шестого.
Имею честь быть Вашим покорнейшим слугой.
Заведующий выставкой картин
Ивачёв

Письмо П.А.Ивачёва писателю Всеволоду Михайловичу Гаршину*, единственное сохранившееся из его обширной переписки, с известными людьми той эпохи.
Гаршин побывал на выставке передвижников, и под впечатлением увиденного написал И.Н.Крамскому письмо:

18 февраля 1878 г
«Милостивый Государь Иван Николаевич,
Могу Вас уверить, что моё письмо не было вызвано ни пустым спором, ни желанием писателя получить письмо от известного художника, а явилось следствием сильного впечатления, произведенного на меня Вашею картиною...»
Искренне Вас Уважающий и глубоко благодарный
В.С.Гаршин
На следующий день он написал письмо своей матери.
Е.С.Гаршиной
19 февраля 1878 г.
«...как Вы знаете, выставка картин, которые пойдут на Парижскую выставку.
«Христос в пустыне» Крамского сделал на меня ужасно сильное впечатление.
...я послал Крамскому... письмо, на которое он ответил мне целою статьёю, очень искреннею и задушевною. Это его письмо исторический памятник, для будущих биографов Крамского...».

Примечание: Гаршин* Всеволод Михайлович (1855-1888) русский писатель, прозаик и критик. Из Бахметьевского уезда Екатеринославской губернии. Гимназию окончил в Петербурге. В 1874 году поступил в Горный институт. С началом войны России с Турцией за освобождение христианской Болгарии от турецкого гнёта, оставил учёбу и записался добровольцем в действующую армию. Был ранен. Долго лечился. Получал пособие и за проявленную храбрость был награждён крестом. Под впечатлением пережитого и увиденного начал писать. Его произведения принимал в печать сам Салтыков-Щедрин редактор «Отечественных записок». Его рассказы: «Четыре дня», «Трус», «Художники», «Красный цветок», «Сигнал» мало знакомы современному читателю. Но великолепную «Лягушку путешественницу» знают все поколения русских людей.
Гаршин посещал выставки Товарищества художников передвижников и писал критические статьи. Особенно сильное впечатление на него произвела картина художника И.Н.Крамского *«Христос в пустыне»* Гаршин написал Крамскому письмо и получил ответное. Завязалась переписка. Узнав об этом Товарищество художников пригласило писателя Гаршина на дружеский обед в Метрополь.

В отличие от академического искусства изображающего библейских героев, художники-передвижники изображали в своих картинах повседневную жизнь, историю народов России, её неповторимую природу и социальные конфликты волнующие все слои общества и что было неожиданно и непривычно для посетителей выставок, художники обличали пороки.
Неожиданный успех и известность лучших произведений *«передвижников»* в России, а позднее и за рубежом, подрывал авторитет Императорской Академии Художеств, которая оставалась официальным руководящим органом в области искусства.
Попытки Академии соперничать с Товариществом передвижников, используя методы работы *«художников передвижников»*, успеха не имели.
На эти сложные отношения *«передвижников»* с Академией художеств обратил внимание царь Александр III и предложил Кабинету *«прекратить раздвоение между художниками».*

15 октября 1893 года Указом Александра III была проведена реформа Академии художеств. Новый конференц-секретарь Академии художеств, граф И.И. Толстой* получил указание царя *«передвижников позвать».*
Художники *передвижники* приняли участие, в обсуждении реформы Академии художеств. И всё завершилось компромиссом. Значительная часть наиболее авторитетных передвижников была включена в академический профессорский состав, остальные вынуждены были устраивать свою судьбу самостоятельно.
Примечание:
Толстой Иван Иванович (1858-1016) нумизмат и археолог, с1889 по 1916 конференц-секретарь. С 1898 по 1905 вице-президент Академии Художеств.

***

4/. Колыванская шлифовальная фабрика

Управляющий Колыванской шлифовальной фабрикой И.А.Злобин и его акварельные рисунки Колывани Камнерезный станок Нартова. Александр Залесов выпускник Барнаульского Окружного училища кандидат в горные уставщики в Императорской Академии Художеств. Горный инженер полковник Л.А.Соколовский. *«химерическая ваза»* и Бронзовая медаль на всемирной выставке в Лондоне. Две вазы по рисункам А.Залесова и П.Ивачёва на Всероссийской выставке 1879г в честь 20-летия царствования Александра I. Граф Ф.Толстой вице-президент Академии художеств. История Алтайского округа. Из Формулярного списка Ф.В. Стрижкова. Табель о рангах для горных офицеров. А.В.Олсуфьев-глава Кабинета Ея Императорского Величества. Именной указ 1761 года императрицы Елизаветы Петровны. Стихи Николая Дубовицкого. Семья Ивачёва. Родство с Лашковыми. Протоиерей Аполлон Лашков. Отсутствие дорогих заказов из Кабинета. Безработные мастера камнерезы. Жалобы и прошения. Заказ на изготовление саркофага в Бозе скончавшемуся императору Александру II. Утраченные надежды. Монолит саркофага по указанию Кабинета отправлен на Петергофскую фабрику. Сопровождает мастер Хворостинин. 1892 год. Три вазы на Всемирную выставку к 400-летию открытия Америки Колумбом.. Колыванской вазе присуждена бронзовая медаль. 1893г у Ивачёвых родилась третья дочь Татьяна. Пожар на фабрике. Прошение Воротникова и Сыромятникова. А.М.Родионов и его книги. 17 декабря 1894 года у Ивачёвых родился сын Николай.
«За полезную деятельность Управляющий Колыванской шлифовальной фабрикой получил подарок от Кабинета Его Величества».
100-летие Колыванской шлифовальной фабрики. Книга Н.С.Гуляева и П.А.Ивачёва. Историческая справка. Рапорт Управляющего П.А.Ивачёва.

Пока П.А.Ивачёв в качестве заведующего ТПХВ сопровождал картины по городам России и даже побывал в Варшаве, Колывань жила своей обычной жизнью в лучах былой славы, и стараясь не ударить в грязь лицом, в поте лица трудилась над новыми заказами. Новые взаимоотношения, после реформы 1861г накладывали свой болезненный отпечаток на непривычные условия работы и жизни. Первые годы после освобождения от трудовой зависимости и новые порядки ещё не успели отразиться на числе заказов из Кабинета и на оплате за выполненную работу.
С 1855 по 1885 гг. управляющим Колыванской шлифовальной фабрикой был **Злобин** Иван Александрович архитектор и художник. **Две его акварели** *«Виды Колывани»* 1850-х годов представлены для этой книги К.В.Лашковым.

Архитектор Злобин сделал проект вазы изготовленной на Колыванской шлифовальной фабрике и подаренной Парижу императором Александром III. По его проекту были построены госпиталь на Зыряновском руднике, Знаменская церковь в Барнауле и каменная церковь в Колывани. Если бы он остановился только на этом, то его имя навсегда можно было вписать золотыми буквами в историю Колывани. Но он ещё механизировал, упростил и облегчил труд камнерезных мастеров.

Иван Александрович Злобин добавил в камнерезный станок Нартова копировальную машинку собственного изготовления и теперь из под нартовского резца выходили изделия точно повторяющие любую модель. На таком механическом устройстве колыванские подмастерья в 1860 году под присмотром Александра Залесова изготовили из коргонского порфира *«химерическую»* вазу с её кривыми звериными ножками, получившую на Всемирной выставке в Лондоне бронзовую медаль.

Изучая перечень камнерезных работ произведенных за 30 лет в первую очередь обращаешь внимание на невероятно высокую стоимость колонн, чаш, каминов и канделябров, большое количество исполненных заказов в 60-х годах и резкий спад к 80-м. Отсюда и резкое уменьшение готовых изделий. В 1883 и 1885 годах готовых вещей вообще не стало.

Александр Петрович **Залесов**

Однажды на него обратил внимание начальник Алтайского горного округа* полковник Соколовский. Не часто случается что бы администратор заметил подчинённого да ещё на такой дистанции. Отдадим должное полковнику. Он не ошибся в своём выборе. Более того рапортовал в Кабинет предложение: *«...я считал бы полезным приготовить благовременно для фабрики мастера, теоретически обученного рисованию, лепному и резному искусству, который бы мог не только заменить нынешних мастеров в случае их смерти, но и улучшить каменнодельные и шлифовальные искусства фабрики. ...Для назначения сего я имею честь представить кончившего курс учения в Барнаульском окружном училище, **кандидата в горные уставщики Александра Залесова**, который показывал особенную наклонность к рисованию.(*Это же звание получил Павел Ивачёв)

Пока решался этот вопрос в Петербургских верхах, полковник Соколовский* для пользы дела отправил кандидата в горные уставщики, на практику в каменоломни.

Александра Залесова, получившего рекомендации от Начальника Алтайского горного округа полковника Соколовского, в 1850 г. приняли в Императорскую Академию художеств. Предполагалось, что в академии Залесов будет учиться два года. Но Вице-президент Академии художеств граф Фёдор Толстой обратился в Кабинет Его Императорского Величества с просьбой: *«Состоящий в числе вольноопределяющихся учеников Императорской Академии художеств пенсионер Кабинета Александр Залесов, по отзыву профессора Уткина, под руководством которого он обучается, хотя и с хорошими успехами...но полезно было бы оставить его на три года, дабы он в это время мог усовершенствоваться в лепке с натуры, составлении проектов и резании на крепких камнях».* Вольноопределяющегося ученика Александра Залесова оставили в академии ещё на три года. Кабинет выделил деньги на время его дополнительного обучения.

Александр Залесов обучался в Императорской Академии художеств у скульптора Ф. Толстого и у профессора Уткина.

В 1852 он получил первую серебряную медаль в 1854 вторую серебряную медаль
В 1855 звание художника 2 степени с правом на чин 14-го класса по Табели о рангах.
На Колыванской шлифовальной фабрике он был помощником Управляющего по *«искусственной части»* и главным камнедельным мастером. В то время все наиболее важные изделия из камня выполнялись под его наблюдением.

Следует отметить, Александр.Залесов и Павел Ивачёв приготовили для Колыванской шлифовальной фабрики, рисунки для новых каменных работ и отправили их в Кабинет. Время было критическое. Не было заказов из Кабинета, что бы обеспечить бесперебойную работу фабрики. Кабинет утвердил рисунки Ивачёва и Залесова. Среди утверждённых были рисунки двух ваз в форме корзинок и несколько письменных приборов.

В 1879 году Колывань участвовала на Всероссийской мануфактурной выставке в честь 20-летнего царствования Александра II На этой выставке были представлены те самые две каменные корзинки из гольцовской яшмы.

Примечание: Л.А.Соколовский (1809-1883) горный инженер. Он учился Германии. После возвращения передал в Барнаульский музей более *«700 горно-каменных пород»*, собранных им во время учёбы в Баварии, Богемии, Пруссии, и Саксонии, а также серебряные и свинцовые минералы Зыряновского рудника. Он письменно просил заведующего музеем штабс-капитана Васильева: *«Покорнейше прошу выбрать из них лучшие и поместить их в музее».* Лучшие образцы минералов и руды собранные Л.А. Соколовским были помещены на витринах Барнаульского музея.

В нашем повествовании часто встречаются звания горнозаводских служителей и мастеров. Приняты они по образцу званий горных рудников и заводов Европы. Эти мудрёные на первый взгляд наименования чинов, легко перевести с немецкого на русский язык, но какой чин старше или младше догадаться трудно. Имея перед собой Формулярный список Бергмайстера Ф.В.Стрижкова можно ориентироваться в чинах далёкого прошлого.

В феврале 1784 года он поступил на Колыванскую фабрику промывальщиком.
1784 г.- промывальщик.
1785 г. – ученик штейгерский.
1787 г. –ученик гранильный.
1792 г. –каменодельный подмастерье.
1794 г. –унтер-шихтмейстер.
1798 г. –шихтмейстер.
1801 г. –берггешворен.(В звании Берггешворена 12 класса был И.М.Ивачёв, доставивший Колыванскую вазу в Петербург)
1803 г. -гиттер-фервальтер.
1805 г. –маркшейдер.
1809 г. –бергмайстер.
Ф.В.Стрижков закончил службу в 1809 году Бергмайстером.
Следующим чином должен был быть-Обербергмайстер. С того времени многие наименования изменились, но звание *маркшейдера* сохранилось в геологии до сих пор.

Алтайский горный округ*- Система управления Кабинетским хозяйством, с первых её шагов, была военизирована. Иначе из-за отдалённости кабинетских земель и рудников, в экстремальных природных условиях, бездорожья, отдалённости от центральной власти расположенной в Петербурге, на месте ничего путного сделать было не возможно.

В управление военизированного хозяйства входили: местная алтайская администрация, горнозаводское население, военный суд, горный батальон, горная полиция. Для привлечения на горную службу образованных специалистов, прежде всего из дворянского сословия, согласно *«Табели о рангах»* от 1722 г. некоторые горные чины: обербергмайстер, бергмайстеры, гиттенфервальтеры...входили в число статских чинов.

Но воинские чины, к горнозаводским относились свысока и не считали горнозаводских офицеров равными себе.

В 1734 году императрица Анна Иоановна утвердила *«Штат чинов при Сибирских горных заводах».* По этому «Штату чинов» горным инженерам представлялись некоторые права офицеров. Но эти «некоторые права» так и остались на бумаге.

В 1761 году глава Кабинета Ея Императорского Величества А.В. Олсуфьев, в рапорте на Высочайшее имя сообщил, что из русских дворян *«в горную науку никто идти не хочет...Горные офицеры в таком от служащих в армейских и гарнизонных полках штаб- и обер-офицеров презрении, что не хотят их за офицеров признавать, а на гауптвахтах или при ином каком карауле, часовые оным горным офицерами чести ружьём не отдают, поставляя их за мастеровых людей, а не за офицеров».*

Именным Указом 12 января 1761 года императрица Елизавета Петровна, горные офицеры ведомства Колывано-Воскресенского горного начальства, были приравнены *«рангами, жалованьем и действительным почтением»* к артиллерийским и инженерным офицерам, имевшим преимущество перед армейским в один чин.

Горные инженеры при получении классного чина шихтмейстера XIII класса теперь приобретали права потомственного дворянства.

Им определялась особая форма: кафтан красного сукна и зелёный камзол с серебряным позументом, парик и шпага.

С созданием Корпуса горных инженеров в 1834 году завершилось оформление военного статуса административно-технического персонала кабинетских предприятий. Корпус получил права гвардии. Его служители имели офицерские чины, соответствующие чинам сухопутной военной службы. По «*Горному Уставу*» 1857 года нижние и рабочие чины Алтайского и Уральских заводов теперь сравнивались с унтер-офицерскими и рядовыми военной службы.

В семье Ивачёвых существовало предание: «*Наш предок носил короткие до колен штаны. Чулки. Башмаки с пряжками. Короткий камзол. На голове парик с косичкой и шпага на боку*». Кому в России могла принадлежать эта форма? Н.Дубовицкий много лет занимался поисками и ничего подходящего не находил и решил, что так одевались в петровские времена. И написал на эту тему стихотворение:

Мне говорят, мой предок по-французски,/ романсы пел, мазурку танцевал,/в усадьбе жил, возможно был не русский,/на Ассамблеи зван в колонный зал./
Мне говорят, бродил он по Парижу,/подарки Бонопарту отвозил,/я их искал потомкам для престижу,/но постепенно в поисках остыл./
Мне говорят, ходил всегда в камзоле, парик с косичкой, шпага на боку,/мой предок покорялся царской воле,/в ушедшем романтическом веку./
Мне говорят, влюбился он в цыганку,/увёз из табора красавицу свою.../не потому ль на каждую гулянку,/я песни под гитарный звон пою./
Пою о прошлой жизни позабытой,/ ищу в архивах предка в парике,/а он стоит из бронзы весь отлитый,/в стране чужой, со шпагою в руке.

Эти стихи (романс) я написал давно. Много позднее они были включены в мой сборник стихов «*У чужого огня*» Издательство «*Литературного европейца*» 2002 год.

Занимаясь поисками сведений к этой книге, в архиве нашёл выше приведенный «*Горный устав*», с описанием одежды горного офицера в парике с косичкой и со шпагою на поясе. Так неожиданно через многие годы подтвердилось семейное предание о нашем легендарном предке.

12 февраля 1891 года, после завершения работы в Товариществе передвижников П.А. Ивачёв был направлен на Алтай и принял должность управляющего Колыванской шлифовальной фабрикой.

К этому времени Павел Андреевич обзавёлся семьёй.

Его женой стала Анна Аполлоновна, дочь томского священника Аполлона Лашкова.

Первую дочь назвали Маргарита. К февралю 1891 года в семье Ивачёвых было уже двое детей: добавилась Мария.

В Колывани семья жила по традиции в доме предназначенном для управляющего.

Священник Лашков часто бывал в семье своей дочери. Присутствие священника в семье управляющего было необходимо и ограждало семью Ивачёвых от недружелюбных односельчан. Свои беды и потерю привычной работы теперь они связывали с прибытием нового управляющего. «*Ну што из того што наш земляк. Пусть делает как мы ему советуем и просим*»-ворчали старики. И не получив желаемого начинаали требовать недозволенного и принялись писать жалобы и прошения.

Обстановка на Колыванской шлифовальной фабрике складывалась неблагоприятная. Те кто был загружен пусть даже временной работой по контракту, до поры до времени,

помалкивали. Завершилась работа, окончился договор и они теперь тоже в стане недовольных.
С мая 1886 года больших заказов на фабрику не поступало.
Непонятно как могла существовать фабрика, занимаясь изготовлением пасхальных яиц, вазочек, пепельниц, ножей, письменных приборов, пресс-папье, каменных сапожков и башмачков, пепельниц и подсвечников. О былых грандиозных, дорогостоящих и поэтому хорошо оплачиваемых заказах из Кабинета Его Императорского Величества, оставалось только горестно вспоминать.

Пришлось П.А.Ивачёву съездить в Петербург, где он пытался получить заказы на каменные работы. Вернулся с пустыми руками, если не считать

Фото: ретро *Вид Колыванскй шлифовальной фабрики*
мраморной вазы для дворца Великого князя Владимира Александровича.
Времена крупных заказов кончились. Интерес к большим каменным изделиям пропал.
Мастера-камнерезы теперь вольнонаёмные..К ним *контрактнослужителям* нужен другой подход, другая форма общения и другая оплата.
Наименования и число камнерезных работ стоивших более тысячи рублей, теперь умещается на клочке бумаги. Среди них:
1886 г. Ваза из зеленоволнистой яшмы 9880 руб. Отправлена в Австрию
1892 г. Ваза шаровидная из ревневской яшмы 2168 руб. «пожалована генерал-адътанту германского Императора Вердеру.
Не просто было управлять фабрикой не имея значительных заказов.
  В 1888 году Кабинет заказал глыбу ревневской яшмы для саркофага Александру II. Весной того же года принялись за дело. Место, где можно было добыть заказанную глыбу, было известно. В умении как отделить нужный камень от материнской скалы, мастера Колыванской шлифовальной фабрики, не разучились. Отделили нужный каменный блок, определив на месте его вес в семьсот пудов. На месте обтесали его. На эту черновую работу ушёл год. Много раз примерялись, как начнут его шлифовать на фабрике, но Кабинет решил делать саркофаг не в Колывани, а на Петергофской гранильной фабрике. Следующей весной в марте месяце 250 нанятых рабочих впряглись в лямку и потащили каменную глыбу на Змеиногорский тракт.
25 марта доставили камень в деревню Белоглазову. Там пришлось задержаться. Бывшие подневольные крестьяне теперь были заняты своим личными делами. Нужное количество людей собрать не удалось. Пришлось менять направление. Повезли Камень до Усть-Чарышской пристани и там погрузили на пароход.
Груз до Петербурга сопровождал Колыванский мастер Иван Хворостинин.
В августе барку с каменным блоком пришвартовали к пристани Петергофа.

  В 1892 году весь мир готовился отметить 400-летие открытия Колумбом Америки. Затевалась Всемирная выставка. Заказа из Кабинета на эту тему не было. Специально к юбилею не готовились. На какой ответ надеялись в Петербурге, спрашивая Колывань об участии на Всемирной выставке, прекрасно зная темпы обработки яшмы. Но задание и рисунки на Колывань не поступало.

В ответ на запрос Кабинета П.А. Ивачёв ответил:
«Три месяца осталось, не успеем что-либо приготовить».

Кабинет отправил на эту выставку, из своих кабинетских запасов, вазу из ревневской яшмы и две чаши: одну из коргонского порфира, другую из мрамора. Но на Всемирной выставке не забыли славы колыванских камнерезов и наградили колыванские изделия Бронзовой медалью.
И опять затишье. Заказов из Кабинета нет, техника простаивает, опытные мастера оставшиеся без работы не могут содержать семьи и в поисках работы покидают Колывань.

Было время когда работающим на фабрике, для выполнения частных заказов, разрешалось бесплатно пользоваться свободными казёнными станками. Некоторые мастера имели у себя дома шлифовальные машины, которые крутили домочадцы и мастера делали мелкие вещи. Но для работы нужен наждак. А где его взять? Дорогостоящий наждак выдавали только на выполнение казённых заказов.
В 1885 году фабрике разрешили принимать частные заказы и местные кустари лишились последнего заработка. Напомним П.А.Ивачёв заступил на должность управляющего 12 февраля 1891 года. Что бы материально поддержать семьи мастеров новый управляющий просил окружное горнозаводское начальство разрешить ежегодно издерживать до 300 рублей из общего ассигнования на покупку от мастеров мелких вещей. Для продажи этих изделий была устроена специальная витрина. Но это не решало основной проблемы. Отсутствие заказов свидетельствовало об отсутствии былого интереса к изделиям. Пробовали выставлять изделия по договоренности на комиссию. Однажды удалось отправить в Петербургское комиссионерство различных мелких вещей на сумму около 2 000 рублей, но продолжения не последовало. Готовили разные мелкие вещи: чернильницы, письменные приборы, вазочки в виде сапожек и башмачков, пасхальные яйца. Крупными вещами теперь считались гранитные жернова, надгробные плиты и памятники.

Следующий 1893 год был отмечен двумя событиями. Было ещё и третье. 27 июля в семье управляющего народилась дочь Татьяна. А в здании фабрики, в каменном помещении, где не пилили дрова, не строгали, не сверлили доски, другими словами не было легко воспламеняющихся материалов и обрабатывались только каменные блоки самых больших размеров, вдруг, вспыхнул пожар. За неимением заказов все технические приспособления, стояли без действия. Что же там в каменных стенах, среди каменных блоков могло загореться? Следствие установило. За неимением другой работы в каменном здании мололи зерно. Не отключили на ночь жернова. Они крутились впустую. Перегрелись. От искры загорелось. Как сказал Поэт:*«Из искры, возгорится пламя».* Правильно сказал. Но это было отвлечённое понятие, символическое. А в здании Колыванской Шлифовальной фабрики, от искры загорелась крыша. А может быть специально не отключили жернова? Или специально включили?. Пусть горит. На ремонт потребуются рабочие. При теперешней безработице надёжный заработок. Если в Барнауле горит, то почему в Колывани не может загореться? Горит в куренях Гавриловского завода, горит Барнаульская горная типографии, горит квартира врача на Салаурском руднике... Последующие события разыгравшиеся на Колывани заставляют об этом задуматься.
  Второе событие по своему знаменательное и по времени совпавшее с пожаром.
В августе 1893 года рабочие фабрики Михаил Воротников и Сергей Сыромятников подали в Барнаул начальнику горного округа *«Прошение»*.
Фактически это была жалоба на свою безрадостную жизнь на шлифовальной фабрике, где заказы из Кабинета стали редкими и другой работы на месте не имелось, а приспособиться жить в новых условиях, не получалось и было не подсилу каждому.

В «*Прошении*» Воротников и Сыромятников собрали все свои беды и печали: и получилось прошение ни о чём, но жалоба на всё. В переписку по этому «*Прошению*» было втянуто Барнаульское горное начальство. Даже сам начальник В.К.Болдырев вынужден был давать в Кабинет свои объяснения.

Отложив в сторону молотки, зубила и пилы мастера каменных дел взялись за перья. Ситуация известная. Когда люди не загружены делом и появляется много свободного времени, вместо того что бы искать другую работу, начинаются дрязги и склоки. Кому то предоставили работу. Почему не мне? Чем он лучше меня? Назначили пенсию. А почему не мне? Я то же работал. То же хочу такую и ни меньше. И так далее.

В советское время автор книг о Колывани А.М.Родионов, этому «*Прошению*» Воротникова и Сыромятникова придал политическую окраску, сосредоточив всё внимание на личности управляющего Колыванской шлифовальной фабрикой. Потомок П.А.Ивачёва, Кирилл Владимирович Лашков, пытался хоть как-нибудь урезонить уважаемого заслуженного алтайского писателя Александра Михайловича Родионова. Но Родионов не прислушался к доводам ветерана Великой Отечественной войны и не меняя окраску своих текстов продолжал переиздавать свои книги дальше, в том же духе.

С развалом Советского Союза на свалку истории оказались выброшенными все марксистско-ленинские коммунистические идеи, догмы и бессмертное учение. С лёгкой подачи Михаила Сергеевича началась перестройка. Перестроились даже первые руководители страны Советов. Но Александр Михайлович изменять свои тексты даже не подумал. И действует по старинке. Рабочий: друг, хороший человек, бедный и униженный, поэтому всегда прав. Начальник: враг, плохой человек богач, капиталист, эксплуататор и поэтому всегда не прав.

Ему бы Родионову извиниться перед заслуженным ветераном К.В.Лашковым, *мол простите, извините коммунистический бес попутал*. А он продолжает всё в том же духе. С 1986 года Родионов переписывает одни и то же высказывания и измышления в адрес П.А.Ивачёва. В разных изданиях, посвящённых Горной Колывани, под звонким названием *«На крыльях ремесла»*. Интересно какие крылья при этом Родионова поддерживают? И почему он при этом позволяет себе недопустимые выражения. Например, он заявляет: *«попа кокнули»*. Правда заявляет не сам. Так выражается герой его сказания. Но что от этого меняется? Приводя это высказывание в своём повествовании Родионов, как автор высказывает свою точку зрения. К тому же поп, то-есть священник, лицо не абстрактное. Это священник Колыванской Церкви, в которой крестились, венчались, молились и отпевали своих близких и родных многие поколения жителей Колывани.

Павел Андреевич Ивачёв пишет письмо в Горнозаводское управление Барнаула. В ответ на так называемое *«Прошение»* бедных и чем-то обиженных рабочих Колывани. В изложении Родионова это звучит так: *«Брызгая слюной и чернилами управляющий пишет...»* А о книге к 100 летнему юбилею Колыванской шлифовальной фабрики, написанной совместно Н.С Гуляевым и П.А.Ивачёвым, Родионов превзошёл самого себя, объявив на весь мир:*«Это-плагиат»*. И посвятил много времени что бы отыскать мнимого автора из рабочей гвардии Колывани у которого Гуляев и Ивачёв увели и присвоили чужой труд. И не в одиночку действовали а вдвоём.

Вначале мы решили не обращать внимания на оскорбительные высказывания Родионова в адрес нашего предка Павла Андреевича Ивачёва. Но промолчать значит согласиться. Приготовили текст опровержения и хотели поместить его в этой книге. Но на пустопорожние высказывания Родионова потребовалось не менее бумаги чем он сам умудрился использовать, сочиняя измышления в адрес П.А.Ивачёва.

И мы решили не включать наш отклик в эту книгу, и довести наши опровержения до сведения читателей в отдельном издании.

И всё-таки поясним. Так называемое *«Прошение»* бедных рабочих, это своего рода камуфляж. Истинная цель *«Прошения»* в заключительных строчках, которые Родионов как бы не замечает. А если бы *«заметил»* тогда всё встало бы на свои места.
И так. Выбранные от рабочих Воротников и Сыромятников (Родионов называет только двух. А ведь был и третий, которого Родионов как бы тоже не замечает) потребовали все частные заказы изъять из рук управляющего и передать их в руки рабочих! (чуть было по инерции не написал, в руки рабочих и крестьян!) а всю годовую сумму отпускаемую Царём благодетелем поделить. И приводят даже цифру которую они бедные рабочие уже подсчитали и хотят от этого раздела иметь. Получив частные заказы они теперь сами намерены распределять их без управляющего и обрабатывать каменные изделия на казённой фабрике, казёнными инструментами, казённым наждаком. Даже не верится, что эта история случилась в августе 1893 года. До 1917 года ещё далеко. Но рабочий класс на Колывани уже созрел. Великому вождю пролетариата ещё только 23 года. Но как в той песне: *И Ленин такой молодой и юный Октябрь впереди!*

Не смотря на появление в Колывани рабочего класса, из среды заслуженных мастеров, трудовая жизнь продолжалась дальше.
17декабря 1894 года у Ивачёвых родился сын. Долгожданный наследник. Назвали его Николаем. В Метрической книге, хранящейся в архиве Воскресенской церкви за 1894 год сохранилась запись за номером 119.
Декабря семнадцатого родился, 27 крещён Николай.
Родители: Управляющий Колыванской шлифовальной фабрики, коллежский Асессор, Павел Андреев Ивачёв и законная жена Анна Аполлоновна, оба православные.
Восприемниками были: законоучитель Томской Мариинской женской гимназии священник Аполлон Александрович Лашков и Начальника Томской губернии, тайного советника, гофмейстера, жена Зинаида Семёновна Тобизен.
Таинство крещения совершил священник В.Изосимов с и.о. псаломщика В.Красиным.
В удостоверение чего и дано сие свидетельство из Томской Духовной Консистории с приложением казённой печати.
  Томск сентября 27/29 дня 1895 года
Далеко от Колывани Кабинет Его Императорского Величества. Как выразился один известный писатель земли русской, если на коне скакать с одного конца в другой, то за полгода не доскачешь. Но человеческая молва имеет крылья. Как для плохого так и для хорошего. И царский Кабинет отозвался доброй вестью.

   Управляющему Колыванской Шлифовальной Фабрикой
   Надворному советнику
   Его Высокоблагородию П.А.Ивачёву
Изделия вверенной Вам Колыванской Шлифовальной Фабрики, будучи представлены Высочайшему Двору, заслужили одобрение Государя Императора и Его Императорское Величество Высочайше повелеть соизволили:
*За полезную деятельность Вашу выдать Вам Всемилостивейший подарок из Кабинета.*Министр Императорского Двора, во исполнение Высочайшей воли, приказал выдать Вам означенный подарок в 600 рублей.*30 апр. 1898 г.*

Примечание: Надворный советник VII класса в Табели о рангах, даёт право на потомственное дворянство, передающееся по наследству.

К 100-летнему юбилею Колыванской шлифовальной фабрики в 1902 году был издан Исторический очерк написанный Н.С.Гуляевым и П.А.Ивачёвым

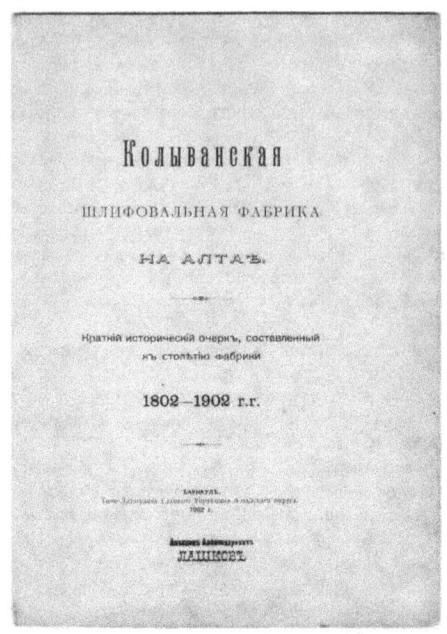

В 2002 году Колыванской шлифовальной фабрике исполнилось 200 лет.
Книга Н.С.Гуляева и П.А.Ивачёва 1902 года издания стала раритетом. Она была напечатана по распоряжению и.д. Начальника Алтайского округа.
Одна из книг, с той далёкой поры, сохранилась в семье Лашковых-Ивачёвых, с именной печатью протоиерея Аполлона Лашкова.

К страницам этой книги, повествующим о далёком прошлом, обращаются соискатели научных работ. Сведения из неё цитируют журналисты и писатели. И надеемся будут цитировать дальше.
Не для всех читателей эта книга доступна, поэтому коротко сообщим её содержание.

Первая часть: *«Поиски и обделка твёрдых камней на Алтае до открытия шлифовальной фабрики в селе Колывани»* составлена Н.С.Гуляевым.
Николай Степанович Гуляев служил архивариусом Главного Управления Алтайского округа. Он собрал и опубликовал сведения о том времени когда на Алтае предприимчивым Акинфием Никитичем Демидовым, была начата разработка медных руд на Колыванском, Барнаульском и Шульбинском заводах и свершилась передача их в Кабинет Ея Величества Екатерины II.
В Первой части автор описывает *«Поиски и обделку твёрдых камней на Алтае до открытия шлифовальной фабрики в селе Колывань».*
Вторая часть: «Шлифовальная фабрика в селе Колывань» написана управляющим Колыванской шлифовальной фабрикой П.А.Ивачёвым. О чём пишет Управляющий?
 1. Местоположение. Основание фабрики
 2. Первоначальный состав управления и служащих. Здания и сооружения.

3. Новые штаты 1807 г. И дальнейшие изменения в них. Пора высшей производительности, упадок и застой в делах.
4. Более замечательные изделия, исполненные фабрикою.
5. Каменоломни
6. Кустарное производство каменных вещей.
7. Стоимость содержания фабрики.
8. Техника.
9. Доставка вещей в Петербург.

На последней странице Павел Андреевич Ивачёв написал:
«В заключение настоящего очерка остаётся пожелать, в видах поддержания фабрики на высоте основных её задач, что бы дальнейшая её деятельность в новом столетии возможно более соответствовала запасам двух богатейших каменоломен Ревневской и Коргонской. Выделка мелких вещей не должна служить предметом её главных работ: всё внимание должно быть сосредоточено на производстве таких изделий, как например семиаршинная чаша, хранящаяся в Императорском Эрмитаже. Весь строй фабрики приноровлен к выделыванию вещей крупных. Этими произведениями фабрика составила себе имя: это её исключительная специальность. На почве которой ей и надлежит продолжить свою работу, в будущем».

Эти заключительные я слова воспринимаются словно прощание и завещание.

Как это соотнести к мнению А.М.Родионова не новичку на литературном поприще, и более того большому мастеру своего дела, сказителю земли алтайской, затрудняемся объяснить. В старину говорили: *Пусть Господь Бог будет ему судья.*
И вот словно подтверждение всему перед этим сказанному.
В книге *«На крыльях ремесла»* автор А.М. Родионов отмечает: *«К середине девятнадцатого века на Алтае работало второе, а то и третье поколение камнерезов. Культ мастерства пустил на колыванской почве глубокие корни, появились камнерезные династии: Ивачёвых, Мурзинцевых, Окуловых, Поднебесновых, Воротниковых, Черемновых».* Прочли мы эти строчки и подумали: спасибо А.М.Родионову что не выкинул он Ивачёвых из династии Колыванских камнерезов. Даже на первое место поставил. Уважил. Только ведь как народная мудрость по такому поводу высказывается: *«Что написано пером, не вырубишь топором.»*
Словом династия в прошлые века, называли царские и королевские семьи. Но с появлением рабочего класса возникла династия высококвалифицированных рабочих, передающих свой опыт и секреты из поколения в поколение.
В небольших коллективах мастера высокого класса, тем более династия мастеров, особенно заметны. Такой коллектив сложился за многие годы на Колыванской шлифовальной фабрике. Но вот заказы из Кабинета практически прекратились. К концу века из-за отсутствия надлежащей работы многие стали покидать Колывань в надежде найти себе рабочее место. Не всегда уходили слабые и неспособные самостоятельно выполнять сложные заказы и не всегда оставались лучшие. Чаще бывало наоборот.
В «Прошении» Воротников и Сыромятников от имени мастеров и рабочих Колывани упрекают управляющего Ивачёва в том, что *«он как личность, сосредоточенная лишь на своих личных интересах не пострадает от того в материальном положении, даже и в том случае, если фабрика и совсем не будет существовать, чего он, наверно, и желает для угнетения бедняков. В надежде получить для себя новое гнёздышко...»*
В таких случаях при разных мнениях со стороны бывает очень трудно разобраться кто прав и кто виноват. Но принявшие на себя ответственность выступить от имени коллектива камнерезных мастеров и рабочих Колывани Воротников и Сыромятников

должны были знать мнения сторон. Но они выступают только от коллектива, называя себя *«угнетёнными бедняками».*

Пришло время послушать другое мнение.

В январе 1893 года, до появления на свет *«Прошения» (август 1893 г)* в Главное Управление Алтайского округа поступил Рапорт управляющего Колыванской шлифовальной фабрикой. Приведём его полностью в старой орфографии:

«Требуемые предложением Окружной Конторы от 16 декабря 1892 года сведения о девяти контрактнослужащих Колыванской шлифовальной фабрики мастеровых: Павле Петрове, Василии Мельникове и проч. о семейном и имущественном их положении. При сем с возвращением прошения помянутых мастеровых и при оном приложения, в Главное Управление Алтайского горного округа имею честь препроводить.

При сем считаю долгом сказать несколько слов относительно тона этого прошения.

Рабочие, описывая своё бедственное положение, указывают на полное игнорирование их нужд со стороны Конторы и Управляющего фабрикою и на пристрастное распределение пенсий, которые выдаются будто бы только богатым вдовам-родственникам ближайшего фабричного начальства и проч.

Тон прошения как нельзя вернее выражает вечно недовольную и даже кляузную натуру Колыванского рабочего. За пять лет моего управления фабрикою не осталось почти ни одного человека обойдённого милостями Кабинета Его Императорского Величества. Все кого только можно было заподозрить в малейшем усердии, награждены почётными кафтанами, денежными пособиями, а иные даже часами.

Если Контора отклоняла ходатайство о назначении пенсий за вольнонаёмную службу, то на это были законные причины. Сам начальник округа покойный Николай Иванович Журин лично выразил расчин, что он не желает подвергать себя ответственности за **принятие незаконных просьб.** *Что касается несправедливого назначения пенсий только богатым вдовам, то этот вымысел принадлежит то же к области кляуз. Контора никогда не отказывала, да и нет расчёта отказывать пенсии вдовам рабочих, получивших смерть от повреждений на службе. Тем более, что пенсии эти не обременяют бюджета фабрики.*

Вообще неприязненные отношения рабочих к ближайшему начальству в настоящее время для них явление довольно странное. Но по крайнему моему разумению это ничто иное, как остаток той озлобленности, какую таили в себе рабочие ещё во времена крепостного права, это запоздалая месть за те жестокости, которым подвергались рабочие в минувшее но ещё далеко не позабытое время. Колыванская шлифовальная фабрика, как место замкнутое отличается живучестью традиций. Старики испытавшие всю тяжесть крепостного труд, ещё живы и передают детям свою ненависть к начальству как к безжалостным притеснителям, а потому и требовать от рабочего лучшего, доверчивого отношения к себе пока ещё рано. Если прибавить к этому разнузданность и невежество растущее с каждым годом, то все дикие выходки рабочих, выбивание окон в доме Управляющего, приклеивание к дверям отборной площадной брани, различные доносы по начальству и в Контроль о выдуманных злоупотреблениях становиться весьма понятными и лежат, как я полагаю единственно в остатке унаследованной неприязни.

Если я настоящим рапортом своим вышел несколько из рамок назначенных вообще для казённых и официальных сношений, то единственным желанием моим было поставить Главное Управление, и особенно господина начальника округа, как лицо новое в крае, на иную может быть более верную точку зрения относительно всевозможных жалоб, доносов, анонимов и проч. которые всё-таки в конце концов для благонамеренного и гуманного человека очень обидны.

Управляющий П.Ивачёв

В этом откровенном письме Павла Андреевича, по другому начинаешь понимать жизнь в Колывани, где он родился, крестился и учился. И почему старших девочек, Маргариту и Марию, от греха подальше, родители при первой возможности, отправили к родственникам в Томск и, отметив 100-летие Колыванской фабрики, по милости Кабинета Его Императорского Величества, Управляющий Колыванской шлифовальной фабрикой Ивачёв, навсегда покинул родные места.

В *«Прошении»* Воротникова и Сыромятникова, затрагиваются финансовые проблемы на фабрике. Они по своему, предлагают их решить, в частности поделить ассигнование, поступившее из Петербурга в Колывань, то-есть добавить рабочим и мастеровым из общей годовой суммы ассигнования. А у кого тогда спрашивается соответственно убавить?

В III главе книги изданной к 100-летию фабрики управляющий П.А.Ивачёв подробно касается финансирования и распределения полученной суммы для нужд фабрики на примерах прошлого времени и настоящего. Книга Н.С.Гуляева и П.А.Ивачёва не была секретом для интересующихся и её можно было при желании приобрести.

В ней назван главный материал при обработке вещей- наждак, который доставляли из Петербурга на лошадях и поэтому он обходился фабрике очень дорого: 18р.22коп. за пуд. Позднее когда стали получать наждак из Екатеринбурга цена наждака снизилась до 5 р. за пуд, а доставка его на фабрику осталась прежней, то-есть на лошадях.

Важная тема провиант. Что такое провиант на геологических разработках и на рудниках в самых диких казахстанских условиях, автор этих строк знает не понаслышке. Как всегда рудные месторождения находятся в горных или степных, часто безлесных местах, где ни чего не растёт и не произрастает. Поздние заморозки весной и ранние в конце лета и весь труд огородника и хлебороба кончался ни чем. И то же самое бездорожье. Автомашины надо заправлять бензином. А как его в такие дали доставлять?

Поэтому основным транспортом ещё долго оставались лошади. А лошадей и людей надо кормить. Если на Колывани травы росли, то на казахстанских рудниках и этого не было. В книге Гуляева и Ивачёва провианту уделяется достаточно много внимания.

«...провиант, отпускаемый рабочим по 25 коп. давал большие убытки. Так как покупался по 60 коп. за пуд. Поэтому ежегодно происходили перерасходы»

В истории Колывани бывали голодные годы.

«С 1833 года Кабинетом Его Императорского Величества, допущена была выдача рабочим бесплатно по 2 пуда провианта. Милость эта распространялась и на жён мастеровых, имеющих грудных детей мужского пола: они получали тоже бесплатно по 1-му пуду до девятимесячного возраста своего мальчика. Остальным членам семьи отпускалась в случае нужды мука из магазина с наложением 5%.» Много это или мало? Советую читателям найти страницу, на которой один из авторов этой книги поделился как пришлось ему и семье командира Красной Армии в годы войны голодать в тылу. И сколько таких семей и одиночек было по всей стране!?

И поэтому когда Воротников и Сыромятников жалуются что им отпускают из магазина в Колывани *«некачественный хлеб»*, то я бы хотел иметь этот хлеб в то советское время. И не я один. Потому что советские люди за все годы правления *«родной советской власти»* в достатке хлеба не видели, но в пионерских песнях всегда благодарили товарища Сталина *«за наше счастливое детство»*

Теперь что касается природы Колывани. Передо мной письма родственников из тех далёких лет.

Вот одно из них: *«Невольно вспоминается милое счастливое детство в Колывани. Природа дивная и все окрестности...А пасека милая на Ручьёвском косогоре»*

Из другого письма я узнаю, что *«клубнику собирали возами и сушили на зиму»*.

Когда после войны наша семья жила в Каркаралинске, мы дети собирали в поле клубнику и наша мама Анфия Ивачёва сушила её на солнышке. Сахара в то время не было. А в сушёном виде клубника сохранялась до следующего лета.

Все ужасы описанные в *«Прошении»* Воротникова и Сыромятникова на тему провианта рассчитаны на сердобольных людей считающих, что голод это то же самое что аппетит перед обедом.

В завершение этой жалобы *«бедных людей»* из Колывани, советую перечитать вступление написанное П.А.Ивачёвым в книге к 100-летию Колыванской шлифовальной фабрики. Там дано описание окрестностей Колывани. И найти страницу в книге, которую Вы уважаемый читатель держите в руках, где описана судьба детей Павла Андреевича Ивачёва в советское время. И в частности, как им до блокады посчастливилось

эвакуироваться из Ленинграда и как они жили и выжили в то по настоящему голодное время. Кстати жалоб на *некачественный* хлеб и тем более на его полное отсутствие, советские люди ни кому, никуда, и никогда не смели писать. Например, бесполезно было жаловаться нашему отцу командиру Красной Армии о том что мы голодаем. Цензура всё равно бы такого письма не пропустила. А соответствующая *«контора»* приняла бы этот документ для приговора по знаменитой 58 статье за «антисоветскую агитацию».
Но оказывается сочинять «Прошения» в царское время можно было безнаказанно. Писать *«Прошения»* вплоть до Кабинета Его Императорского Величества. И такие жалобы и прошения доходили по адресу. И ни кого в то царское время не арестовали, не посадили, не сослали. Наоборот старались всем ответить и по возможности помогали. В советское время за такие письма была готовая статья 58-10. За антисоветскую пропаганду и агитацию. По ходу добавили бы ещё работу на японскую разведку. И всё на этом бы кончилось. Оставшиеся на свободе догадывались и молча переносили и наше *«счастливое детство»*, и любимых вождей, и партию передовой отряд рабочего класса.
О том что Колыванская шлифовальная фабрика отслужила свой век в Кабинете Его Императорского Величества понимали. Там то же умели считать. Из трёх фабрик Колыванская несмотря на её великолепные возможности и уникальные запасы яшмы из-за отдалённости и трудностей транспортировки, при отсутствии спроса на её изделия, становилась тяжёлой обузой. Содержать фабрику для того что бы показать её изделия на международных выставках, для того что бы поместить великие изделия в музей и ли сделать царский подарок какому-нибудь королевскому двору, становилось накладно даже для царской казны. Проще было в случае необходимости получать из Колывани грубо обработанные монолиты и дорабатывать их на Петергофской гранильной фабрике, как это было уже испытано. А мастеров, опять таки если в них будет нужда, принять в Екатеринбургскую или Петергофскую гранильную фабрику.
И последовало Высочайшее повеление.

Министерство Императорского Двора и Уделов.
5 Авг. 1902 г. №-9834
Управляющий Колыванской Шлифовальной фабрикой, Коллежский Советник Ивачёв приказом по Удельному ведомству состоявшимся 5 сего Августа за № - 10 переведен на службу в Удельное ведомство Главным Мастером Петергофской Императорской Гранильной фабрики. Православного исповедания, кавалер ордена Св. Станислава 3 ст. Имеет медаль в память Царствования Императора Александра III и право ношения Высочайшим учреждённого, 16 Августа 1897 г. особого знака в воспоминание о совершившимся 1 мая 1897 г. 150-летия записи Алтайского округа на Государево Имя.

5/. Петергофская гранильная фабрика. фабрика Историческая справка. 1860 г. Новое Положение о мастеровых. 1875 г. 100-летний юбилей Императорской гранильной фабрике. Изготовление гробниц и саркофагов по проекту А.Л. Гуна для Петропавловского собора. Работа над саркофагами для императора Александра II и императрицы Марии Александровны. Семья Ивачёвых в Петергофе. Старшие дочери Маргарита и Мария в Томской Мариинской гимназии. 1905 г. Всемирная выставка в Люттихе (Бельгия) Свидетельство врача А.Строганова о состоянии здоровья П.А. Ивачёва. «13 мая 1908 г на время отпуска ДСС Гуна заведующим Петергофской гранильной фабрикой назначается Коллежский советник Ивачёв»

Картина С.Ф. Галактионова Гранильная фабрика.

Фото: Руины *Петродворца после освобождения в 1944 году*

Фото: Руины *Петродворца. Здание Петергофской гранильной фабрики. Современный вид после реставрации ул. Фабричная № 1.*

По указу Петра I в октябре 1721 года голландскому мастеру Питеру Фойгезелю было поручено построить в Петергофе «*ветреную мельницу и амбар, в котором пиловать и полировать мрамор и алебастр и другой всякий мягкий камень, кроме дикого и крепкого*» Это было началом. Вместо ветряной мельницы построили водяную и стали обрабатывать мрамор и полировать стёкла. В 1738 г.на водяной мельнице работали механик, помощник, три грановщика и один шлифовальщик. Постепенно стали осваивать и перешли к изготавлению различных изделий из твёрдого камня. В 1756 г.трудятся 87 удельных крестьян, приписанных к Мельнице «навечно».

Обычный ассортимент тех лет: табакерки, обелиски, блюда, подсвечники, коллекции камней, пьедесталы, небольших размеров вазы, чаши, колонны, «кирпичи» из тех же полудрагоценных камней для закладки их в фундаменты Биржи и строящегося Казанского собора. Своего камня поблизости Петергофа не было, пользовались привозным. Для всех работ использовали: уральскую яшму, дымчатый кварц, аквамарины.

В 1812 году, во время войны с Наполеоном, нижний этаж гранильной фабрики был передан в наём мастеру Егору Брауну* для изготовления хирургических инструментов.

В 1816 г.по Указу Александра I *«Именовать фабрику впредь Императорской гранильной. Обязать мастеровых помимо гранильной и шлифовальной работы, обучать этому ремеслу молодых».*

Наиболее способных детей служащих, по окончании народного училища в Петергофе, направляли в Академию художеств на средства Кабинета или к известным художникам для обучения рисованию, черчению и лепке. После прохождения учёбы они возвращались на Петергофскую фабрику или их направляли в Екатеринбургскую или в Колыванскую фабрику.

1829 г. При Николае I гранильная фабрика перешла из ведения Кабинета Его Императорского Величества, в подчинение Департамента и уделов, под начало вице-президента, графа Л.А.Перовского.

В то же время произведено разделение продукции фабрики на

1/. *«изящные или художественные изделия для Императорского дома и*
2/.*«обыкновенные и мелочные по распоряжению директора, для частных лиц».*

Эти *«мелочные»* вещи продавались на территории завода и на Невском проспекте в доме Энгельгардта, в так называемом «Пале-Рояль», в магазине купца Антипова и отправлялись на ярмарку в Нижний Новгород.

1830-е годы. Повсеместное увлечение малахитом и большой спрос на изделия из этого красочного камня. На гранильной фабрике увеличили выпуск малахитовых изделий.

1837 г. Зимний дворец пострадал от сильного пожара. В его реставрации принимали участие Петергофские мастера.

В то же время по проекту *А.П.Брюллова** был создан знаменитый Малахитовый зал. Восемь колон были облицованы малахитом, так искусно, что колоны даже при самом тщательном рассматривании кажутся созданными из цельного монолита.

Примечание: *Брюллов Александр Павлович (1798-1877) архитектор, брат Карла Павловича Брюллова (1799-1852) живописца. Самая известная картина которого «Последний день Помпеи».*

Директор Петергофской гранильной фабрики Д.Н.Казин награждён памятной золотой медалью *«На возобновление Зимнего дворца».* Главный мастер И Роджерс, его помощник Фёдор Васильевич Морин и 16 мастеровых получили серебряные медали.

Стали изготовлять сувенирную миниатюрную триумфальную колону, оригинал которой великолепное творение *Огюста Монферана** колона из гигантского монолита, установленная на площади перед Зимним дворцом, в память победоносного завершения Отечественной войны 1812 года. Миниатюрная копия этой колонны имела большой спрос и была подарена принцам *Нидерландскому в Амстердам и Нассаускому* в Висбаден.*

1850 г. по велению Николая I на Петергофскую гранильную фабрику были возложены все обязанности по мраморным, малахитовым и лазуритовым работам в строящемся Исаакиевском соборе.

Примечание: Нассауский в Висбадене. У Дома Романовых были родственные связи с Герцогством Нассауским. Елизавета Михайловна племянница царя Николая I , дочь великого князя Михаила Павловича и великой княгини Вюртембергской Елены Павловны Фредерики-Шарлоты-Марии, была замужем за герцогом Адольфом Нассауским

Монферан* Август Августович (1786-1858) Огюст Рикардо российский архитектор. По происхождению француз С 1816 года в России. Исаакиевский собор, Александровская колонна в Петербурге.

С середины XIX века поступили дополнительные заказы для строительства Нового Эрмитажа. Это было время расцвета Петергофской гранильной фабрики.

Накануне предстоящего освобождения крестьян от крепостного труда, в Петергофской гранильной фабрике наступили перемены.
В мае 1860 года было принято новое Положение о мастеровых. *«Все лица женского и мужского пола, приписанные к Петергофской гранильной фабрике, освобождаются от обязательной службы и могут приписаться к петергофскому мещанскому обществу или к другим обществам свободных сельских и городских обывателей.*
На 12 лет им предоставляется льгота от казённых податей, от рекрутской и др. повинностей.(за каждого рекрута в казну из запасного капитала фабрики вносится 300 рублей.) Мастеровые фабрики получают право на пенсию, которая назначается в зависимости от проработанных лет:
выслужившие 30 лет в размере полного годового жалованья,
25-лет две трети его, 20 лет- половину и 15 лет одна треть.
По новому Положению на службе остаётся 47 мастеровых.

Неизменным осталось отношение к учёбе подрастающего поколения из семей мастеровых. В училище при фабрике как и прежде, принимались 10-14 летние сыновья мастеровых. Учащиеся содержались за счёт фабрики, а по окончании учёбы и *«вступлению в штат в качестве мастерового»* каждый был обязан отработать в заведении не менее 10 лет.
С 1860 до середины 1880 гг. фабрика специализируется на изготовлении врезных, наборных и рельефных мозаик. Лазурит становится излюбленным материалом. Добываемый в Прибайкалье и приобретаемый за большие деньги у бухарских купцов, лазурит становится символом богатства русского Императорского Дома.
1862 г. для дворцовой церкви Великого князя Михаила Николаевича изготовлено 20 колонн из ляписа и яшмовый пьедестал к ковчегу на престоле.
1864 г. партия подарков членам императорской фамилии в Дармштадте.

1871г. королю и королеве Вюртембергской подарен шкаф и 2 ляписовых канделябра в стиле Людовика XVI.
1873 г. к серебряной свадьбе Великого князя Константина Николаевича и Александры Иосифовны шкаф чёрного дерева с лазуритом и золочёной бронзой.
Для Великой княгини Марии Александровны-чернильный прибор украшенный золотыми вензелями.
Для короля Баварского-два ляписовых камина, каждый из которых стоил 10 000 рублей.
Наследной прусской принцессе две малахитовые вазы с бронзовыми украшениями.

1875 г. Торжества, посвящённые 100-летнему юбилею Императорской гранильной фабрики. Дата отчёта была установлена в 1775 году, от закладки каменного здания совершённого по воле Императрицы Екатерины II. Перед юбилеем проводились большие работы по перестройке старого здания и построено новое.
26 июля в присутствии царских особ и гостей происходило освящение нового здания Гранильной фабрики. Императорская чета получила подарки, выполненные по рисункам *А.Л. Гуна**
Императрице Марии Александровне поднесли роскошный альбом украшенный лазуритом и серебром, с фотографиями августейшего семейства выполненными фотографом Левицким*.

Императору Александру II преподнесли чернильный прибор из уральской калканской яшмы украшенный серебром, с миниатюрной статуэткой сидящей в кресле Екатериной II, держащей в руках план Петергофской гранильной фабрики.

С этих художественных работ начался творческий путь А.Л.Гуна *(1841-1924)*, как художественного руководителя по камнерезному искусству. Его служба на этом поприще началась в 1867 году с архитектуры, в 1873 году он уже в качестве профессора в Императорской Академии художеств и затем директор Петергофской гранильной фабрики (1886-1911).

Под его руководством с 1902 года главным мастером Петергофской гранильной фабрики работал П.А.Ивачёв.

С середины XIX века изделия Петергофской гранильной фабрики получили международное признание. Её работы экспонируются на всех международных выставках и неизменно получали награды: медали и дипломы.

В 1890 году была начата работа по изготовлению гробниц и саркофагов по проекту А.Л.Гуна для Петропавловского собора. В исполнении заказа участвовали все три фабрики России: Петергофская, Екатеринбургская и Колыванская.
На Колывани был приготовлен монолит весом более 800 пудов из ревневской серо-зелёной яшмы для надгробия императору Александру II.
На Екатеринбургской фабрике обрезана каменная глыба из розового орлеца. Для надгробия императрицы Марии Александровны. Вес камня до обработки был около 3000 пудов. После обработки около 700 пудов.
Обе каменные глыбы для завершения работ были доставлены в Петергоф. Обработка этих заготовок продолжалась до 1905 года.
17 января 1906 года их доставили в Петропавловский собор.

К крупным заказам для Петергофской гранильной фабрики относится начатая при А.Л.Гуне каменная отделка **Сени**, шатра в Храме Воскресения Христова по проекту архитектора А.А.Парланда* (1842-1920) на месте смертельного поранения императора Александра II, на Екатерининском канале (в советское время канал Грибоедова) Было изготовлено мозаичное Распятие по рисунку В.П.Верещагина*.
Были изготовлены отдельные части дарохранительницы на престол Великокняжеской усыпальницы при Петропавловском соборе по рисунку Л.Н.Бенуа* и мозаика для престола Морского собора в Кронштадте.
В 1913 году к 300 - летию Дома Романовых по рисунку Е.Е.Лансере* была изготовлена крупная ваза в стиле *Пиранези*.

Примечание: Лансере*Евгений Евгеньевич (1875-1948) график и живописец. Брат З.Е. Серебряковой. Книжная графика. Народный художник России (1945) Государственная премия (1943).
Бенуа* Леонтий Николаевич (1856-1928) архитектор, заслуженный деятель искусств России (1927)
Пиранези *Джованни Батиста (1720-1778) итальянский гравёр.

В Петергофе семья главного мастера Павла Андреевича Ивачёва, поселилась в казённой квартире на территории Гранильной фабрики, в жилом квартале для специалистов Гранильной фабрики на улице Фабричной № 3 рядом с Гранильной фабрикой.
Старших дочерей: Маргариту, и Марию оставили в Томске. Там они учились в Мариинской гимназии, в которой законоучителем был Аполлон Лашков тесть Павла Андреевича Ивачёва и дедушка для Маргариты и Марии. Жили они в пансионате при гимназии. Несмотря на то что учёба и проживание были платные, на семейном совете решили дать девочкам доучиться в этой гимназии. К тому же казённая квартира в Петергофе для семьи главного мастера была тесновата.

За *участие в работах Комиссии по переоценке каменных вещей Кабинета Его Величества, предположенных к отправке на Всемирную выставку1905 года в Люттихе*, объявлена ему г. Ивачёву письмом И.д Управляющего Кабинетом Его Величества от 24 февраля 1905 года за № 2558, благодарность Господина Министра Императорского Двора*
Примечание: Люттих (Lüttich) город в Бельгии.

Изучая биографию Павла Андреевича Ивачёва, его послужной список, и напряжённую работу по выполнению ответственных заказов Кабинета, не складывается впечатление о его нездоровье. За многие годы он только дважды был в отпуске.
    О чём это говорит? О крепком здоровье или пренебрежении к своему здоровью? Можно ли посчитать отпуском его работу в качестве Заведующего в Товариществе художников передвижников? Но отдыхом эту работу то же назвать нельзя.
    Разыскивая Павла Андреевича на групповых фотографиях художников передвижников невольно замечаешь, что художники в течении ряда лет сохраняют свой внешний вид и легко узнаваемы.
    Что нельзя сказать о П.А.Ивачёве. К концу его работы с художниками передвижниками он сильно изменился. Вначале при рассмотрении групповых фотографий, пользуешься списком под фотографиями называющих художников по именам и скоро начинаешь их узнавать на фотографиях разных лет.
    Другое дело П.А.Ивачёв.
    Рассматривая его на фотографиях начинаешь замечать, как год от года меняется его лицо и весь внешний облик. На отдельных фотографиях художников передвижников назван П.Ивачёв, в числе сфотографированных и его служебное положение в Товариществе и место на фотографии. На других фотографиях не все действующие лица обозначены, Ивачёв то же не указан. По личному убеждению К.В.Лашкова П.А. Ивачёв должен быть на фотографии. Но с уверенностью его указать невозможно.
На одной из фотографий Ивачёв указан. Но он ли это сидящий вполоборота среди бородатых художников? Сомнения рассеиваются только после того как в архиве Лашковых нашлась семейная фотография Ивачёва тех лет. Павел Андреевич в кругу семьи как раз в той позе.

    Ещё Кирилл Владимирович Лашков обращал внимание на то что, в групповых фотографиях художников-передвижников Ивачёв присутствует, но если не указан, то познать его трудно.

О том, что П.А.Ивачёв был нездоров имеется официальное заключение врача.

    Свидетельство № 664
Даю сие главному мастеру Императорской Петергофской Гранильной фабрики, Коллежскому Советнику Павлу Андреевичу Ивачёву 60 лет от роду, в том, что он страдает хроническим суставным ревматизмом, особенно резко выраженным в правом коленном суставе; вследствие чего ему необходимо в сезон нынешнего лета Предпринять поездку месяца на два в Одессу на лиман.
Свидетельство сие выдано Г.Ивачёву, по личной его просьбе для представления подлежащему начальству.
В чём подписью и приложением казённой печати удостоверяю.
г. Петергоф
20–го мая 1906 года
Старший врач Петергофского Госпиталя
Дворцового ведомства Ал. Строганов.

Павел Андреевич к врачу на приём сходил. Свидетельство получил. Рецепт в аптеку взял. Лекарство не выкупил. И на лиман не поехал. Да и кто разрешит ему 2-х месячный отпуск да ещё в разгар работ! На том всё и кончилось, а приходилось выполнять ещё и обязанности Заведующего Гранильной фабрики, в случае отпуска А.Л.Гуна.

Министерство Императорского Двора и Уделов
13 мая 1908 г. № 8256
На время отпуска ДСС Гуна, заведывание Императорской Петергофской Гранильной фабрикой в техническом отношении, надзор за всеми работами и рабочими, приём и ознакомление с производством посетителей фабрики возложен согласно резолюции Его Степенства Господина Начальника Главного Управления, на коллежского Советника Ивачёва.

По мнению земляков Горной Колывани П.А.Ивачёв нашёл себе в Петербурге новое завидное местечко, им вторит наш современник А.М.Родионов, повторяя соображения мастеров Воротникова и Сыромятникова.
Камнедельным мастерам рассуждать с позиции мастеровых проще. Потому что несмотря на высокую квалификацию в камнерезном деле их кругозор с детских лет не выше знаменитой Колыванской вазы. Но Александру Михайловичу Родионову, зачем было опускаться до уровня мастеровых? От него владеющего всеми сведениями по Колывани, совершившего невероятно большую поисковую работу, встречавшего на своём пути свидетелей той эпохи и бесконечно черпавшего сведения от потомков, много раз побывавшего на таёжных путях транспортировки многотонных блоков, от каменоломни до фабрики, от него можно было ожидать объективной оценки, а не субъективных ощущений.
О том как жилось на новом мете Павлу Андреевичу Ивачёву мы уже слегка коснулись. Как работалось? В отличии от Колыванской шлифовальной фабрики, которую Кабинет Его Императорского Величества лишив заказов фактически закрыл. Пройдёт немного времени и на знаменитой Шлифовальной фабрике, что бы прокормиться, будут молоть зерно. В здании, где произвели на свет чудо тысячелетия Колыванскую вазу наречённую «Царицей ваз» откроют лесопилку. А в советское время, что делать с Колыванской фабрикой ни как не могли сообразить. А когда нашёлся достойный **директор Страмцов Иван Николаевич, то его арестовали и как «врага народа» расстреляли.**

За промежуток времени от 1902 до 1910 года на Петергофской Гранильной фабрике простоя не было. Даже не имея крупных заказов трудились все, от главного мастера до подсобных камнедельных мастеров. Мелкие изделия делались загодя, например пасхальные яйца, спрос на которые был постоянно.
Ножи, ковши, чарочки, овальные доски, раковины, пепельницы, брелоки, вазочки, из нефрита. Печати, кресты из топаза. Костыли из лазурита и орлеца. Ручки из бухарского лазурита. Коллекции образцов из разный цветных камней. Стаканы из горного хрусталя. Броши из орлеца. И все эти заказы не однажды, а постоянно и не десятки, а сотни.
И заказчики были все именитые. Некоторые из них заказывали и приобретали каменные изделия при посещении Гранитной фабрики. Это были представители европейских Королевсих Дворов от которых заказы поступали и подарки им делали постоянно.
Вот некоторые имена:
  1902 г.Великая княгиня Мария Александровна герцогиня Саксен-Кобург-Готская
Принцесса Софья Греческая, герцогиня Спартанская.
Король Эллинов. Греческий королевич Георгий.
Греческая принцесса Александра.
Великая княгиня Мария Георгиевна.

1903 г. Принцесса Евгения Максимилиановна Баденская.

1904 г. Заказанные Высочайшим Двором изделия для принцессы Марии Максимилиановны.

Князь Л.Д Вяземский

1905 г. Долгоруков.

Генерал Д.Ф.Трепов.

1906 г. Генерал-майор Трепов

Королева Эллинов Ольга Константиновна.

Королевич Греческий Христофор.

Её Императорское Высочество княгиня Мария Георгиевна

1907 г. Великая княгиня Елизавета Фёдоровна

1908 г. для Датского министерства иностранных дел.

Министру Иностранных дел Датского королевства.

Камергеру Аф-Клеркеру, заведующего Двором принца Вильгельма

и Великой княгини Марии Павловны. Герцогине Зюдерманландской и

состоящей при её Императорском высочестве госпоже Аф-Клернер.

Изделия поднесены Директором фабрики.

1910 г. Изделия приобретены членами Бельгийской Миссии при посещении фабрики.

7-8 июля Изделия приобретены Его Высочеством князем Г.М. Романовским

герцогом Лейхтембергским.

Изделия приобретены Его Высочеством принцем П.А. Ольденбургским,

И Её Императорским высочеством Великой княгиней Ольгой

Александровной.

Исправление и обновление столика из лазурит

В 1902-1904 гг. больших заказов не было

1905 г. Саркофаги Александру II и императрице Марии Александровне.

1906 г. Для Петропавловского собора части дарохранительницы, кресты из топаза и агата.

Колонки агатовые. Камни гранёные из топаза. Распятие мозаичное по рисунку

В.П. Верещагина на паникадильный стол.

Для Ораниенбаумского дворца два стола и консоль.

Для Храма Воскресения Христа «Спас на Крови» угловые мозаичные части для свода «сени».

Верхняя круглая мозаичная часть для свода «сени». Крест из гранёных топазов для иконостаса.

Распятие из разных сибирских камней.

1907 г. Части из дымчатого топаза на поминальный стол в усыпальницу

Петропавловского собора.

Дополнительные работы на месте по сборке частей «сени» в храме Воскресения Христа «Спас на Крови.

1910 г. Исправление двух саркофагов в Петропавловском соборе.

В августе исправление и обновление столика из сибирской лазурита...

На августе 1910 года запись обрывается.

Фото: Виды Алтая. Конец XIX века

***

6/. 1 марта 1881 года

Покушение на Царя Александра II. Террористическая организация *«Народная воля»*. Руководители: Софья Перовская и Александр Ульянов брат Ленина. Гибель Царя-Освободителя. Казнены Софья Перовская и Александр Ульянов. Часовня на месте смертельного поранения Александра II. Храм на Крови. Сень-шатёр в храме работы камнерезных мастеров Колывани и Петергофа. Высочайшим повелением мастерам и П.А. Ивачёву пожалованы подарки.

В этот день было совершено покушение на царя Александра II. Царь был смертельно ранен. Медицина в то время не могла оказать тяжело раненому необходимую помощь И царь скончался во дворце в окружении родных, и беспомощных врачей.

    Это было восьмое покушение на Царя Александра II от имени самозваных революционеров-подпольщиков. Но революционерами они не были. Они сами нарекли свою группу революционной организацией и назвали её *«Народная воля»*. Хотя ни какой народ на это кровавое дело их не выбирал и не посылал. По современным понятиям это были террористы. Они совершили очередное покушение на Царя давшего крестьянам освобождение от крепостной зависимости и названного в народе *«Царём освободителем»*. За что же тогда эта самозваная группа совершила это тяжкое преступление? Им свободы дарованной царём было мало! В программе террористической организации было: уничтожение самодержавия. Во главе Исполнительного комитета стояли А.И.Желябов, А.Д.Михайлов и С.Л.Перовская.
Одним из организаторов и руководителей террористической фракции *«Народная воля»* был Александр Ульянов родной брат Ленина. Участник подготовки покушения 1 марта 1881 года Александр Ульянов был повешен в Шлиссельбургской крепости. Если бы за ним последовал его братец, то мир на планете Земля был бы совсем иным. Только *«великому»* Ленину пришло в его поражённые сифилисом мозги *«поднять Россию на дыбы»* и раздуть мировую революцию во имя *«светлого будущего»*, не считаясь ни с какими жертвами, если даже на планете останется 15 процентов населения. Для ленинского эксперимента этого количества было вполне достаточно.

    Не малую роль в покушении сыграла Софья Перовская из вполне благополучной буржуазной семьи. Она организатор и участница покушения на Александра II. Ей то какой воли не хватало? Сожительствовала бы дальше с подпольщиками. Никто ей в этом не мешал и не препятствовал. Высланная в Петрозаводск за участие в подпольной организации она там не пребывала. Находилась в бегах и открыто жила в кругу петербургской семьи. Сбежавшую из ссылки Софью Перовскую никто не искал. Это от неё метальщики получали сведения о маршрутах передвижения царя. В семье Перовских близких ко Двору, о маршрутах говорили открыто, не опасаясь ссыльной дочери, которая вместо северной ссылки почему-то оказалась дома и не весть где пропадает днём и ночью.

    В тот день 1 марта, царь как обычно был на Военном смотре войск Петербургского гарнизона. И как всегда после смотра возвращался царь во Дворец по одному и тому же маршруту, жил по царскому раз и навсегда установленному распорядку дня. По маршруту его царской кареты было достаточно охраны в штатском бдительно наблюдавшей за прохожими.

    Шесть покушений уже перенёс царь, но меры предосторожности не были приняты. Конная охрана сопровождавшая царскую карету была незначительной и следовала только позади кареты. Единственное новшество было внесено в это беспечное раскатывание по городу: карета была бронированной и рядом с кучером сидел офицер, отвечающий за маршрут царской кареты.

    В тот злополучный день покушение могло не состояться. Метальщики бомб, а их было несколько, не решались появиться со своими самодельными бомбами на маршруте царя. Они слонялись на набережной Екатерининского канала.(в советское время канал Грибоедова). И на эту пустынную улицу вдоль канала неожиданно свернула царская

карета. Возможно этот до сих пор ни кем не названный офицер, изменил маршрут следования царской кареты. Софья Перовская прогуливалась вдоль канала, словно ожидала. Ей осталось только подать условный знак и она махнула платком. Карета, сменившая маршрут, приехала прямо в руки террористов. Судьба царя была решена. Первый метальщик, бросил бомбу под коней. Произошёл взрыв. Крики и вопли людей, ранены случайные прохожие и чей-то ребёнок. Искалеченные бьющиеся кони. Невредимый царь выбрался из повреждённой кареты...
Рано радуетесь-сказал второй метальщик и бросил бомбу под ноги царя*.

Если к этим эпизодам добавить ещё факт уже готового Нового Манифеста (так называемая *Конституция Лорис-Меликова*) дающего очередные демократические свободы, который буквально на утро должен был быть опубликован в печати... То все эти донельзя странные эпизоды становятся связанными одной верёвочкой.

Случайным свидетелем покушения оказался художник Корзухин, участвовавший на передвижных выставках. От увиденного и пережитого он долго болел. Перед его глазами при виде красок возникала кровавая сцена и рисовать он уже не мог.
Место покушения было сразу огорожено. Устроена временная часовня. Совершено Богослужение. Собравшийся народ молился Богу и изъявлял желание построить на этом месте постоянную Часовню.

2 марта на Чрезвычайном заседании городская Дума просила Александра III «*разрешить городскому общественному управлению возвести на средства города часовню или памятник на месте смертельного ранения царя*». Царский сын Александр ставший Императором Александром III ответил: *Почему часовню. Будем строить Церковь.*

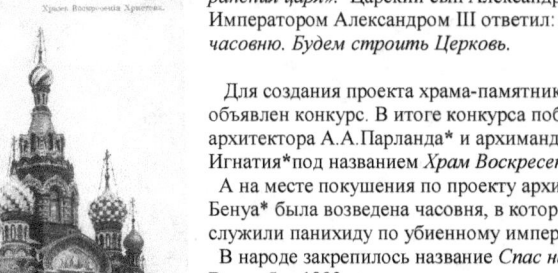

Для создания проекта храма-памятника был объявлен конкурс. В итоге конкурса победил проект архитектора А.А.Парланда* и архимандрида Игнатия*под названием *Храм Воскресения Христова*.
А на месте покушения по проекту архитектора Н.Л.Бенуа* была возведена часовня, в которой ежедневно служили панихиду по убиенному императору.
В народе закрепилось название *Спас на крови*.
В октябре 1883 года совершили закладку фундамента.

В Храме на месте смертельного ранения Царя-Освободителя проекту А.А.Парланда
была построена Сень, шатёр из яшмы, лазурита и орлеца.
Четыре колонны из яшмы поддерживали свод на вершине, которого было Распятие из топазов.
Свод Сени инкрустирован сибирскими самоцветами и топазами в виде звёзд.
Под сводом Сени находятся реликвии Храма: часть решётки Екатерининского канала, плиты тротуара и

булыжники мостовой обагрённые царской кровью. Сень была ограждена металлическими ажурными решётками и балюстрадой из орлеца изготовленной мастерами на Екатеринбургской и Петергофской гранильных фабриках. При изготовлении Сени была использована коргонская яшма.

    Стены внутри Храма покрывала мозаика, выполненная мастерами трёх гранильных фабрик: Петергофской, Колыванской и Екатеринбургской.

    Г. Директору Императорской Гранильной фабрики
    14 Декабря 1906 г.

    На основании Высочайшего Его Императорского повеления
    За труды по изготовлению и сооружению во Храме Воскресения Христова
    Сени над местом смертельного поранения в Бозе почивающего Государя Императора Александра II Высочайше пожалованы
    Главному мастеру и Заведующему хозяйственною частью Императорской
    Петергофской Гранильной фабрики Коллежским Советникам Ивачёву и Цветкову, золотые с цепочками часы* с изображением Государственного герба, украшенные бриллиантами.
Мастерам: Иванову, Давыдову, и Кокушеву серебряные портсигары с изображением Государственного герба ,
    Подмастерьям: Башловскому, Егорову, Богданову, Тихобаеву, Владимиру Давыдову, Тимофееву, Зимину, и Елизарову-серебряные часы с таковыми же цепочками.
    Уведомляя Ваше Превосходительство об изложенном, Главное Управление Уделов просит Вас предложить Коллежским Советникам Ивачёву и Цветкову явиться в названное Управление для получения Высочайше пожалованных им подарков.
    Г. Цветкову тогда же будут вручены портсигары и часы для названных выше мастеров и подмастерьев.
    Помощник Начальника
    Главного Управления Уделов граф Нирод
За заведующего Делопроизводством М. Тизенгаузен.

Средства на строительство Храма жертвовали жители России и были пожертвования из славянских стран. Храм-памятник строился 24 года и был завершён в 1907 году уже при Николае II. Всего на строительство было израсходовано 4, 6 миллионов рублей.

    Вместительность храма 1600 человек. Высота самого высокого купола 81 метр: это число символизирует год гибели Царя-Освободителя Александра II. Для отделки куполов использованы медные детали покрытые цветной прочной эмалью. По периметру здания установлено 20 гранитных досок, на которых золотыми буквами записаны все деяния Александра II. Храм строился по образу старинных российских храмов и по внешнему виду напоминает Храм Василия Блаженного в Москве. В храме Воскресения Христова не крестили, не отпевали, не венчали, не совершали служб приходской церкви. Но ежедневно служили панихиды и читали проповеди, на которые постоянно приходили большое число прихожан. Храм был постоянно переполнен.

После революции 1917 года, Храм-памятник Царю-освободителю, как многие другие церкви и храмы России, коммунисты-большевики намеревались взорвать или разобрать. Но почему-то не решились. Устроили по своему варварскому неразумению склад. Народные ценности из храма расхитили.

    В 1997 году после завершения реставрационных работ, Храм единственный сохранившийся в Санкт-Петербурге, как памятник Александру II, распахнул свои двери посетителям в качестве музея.

Примечание: Гриневицкий бросивший бомбу*, погиб на месте покушения. Брат В.И.Ленина Александр Ульянов, один из организаторов террористической организации *«Народная воля»*, повешен в Шлиссельбургской крепости. 3 апреля 1881 повесили Софью Перовскую. Ленин, юрист по образованию, в 1917 году, захватив власть, совершив уголовное преступление, безжалостно уничтожил всех Романовых.
Бенуа* Н.Л. (1813-98) российский архитектор, фрейлинские дома и ж.д. вокзал в Петродворце.
Часы из Кабинета* Его Императорского Величества, были ценным подарком, потому что они вручались от имени Императора. Начало истории наградных часов *«высочайше пожалованных августейшей особой»*, относится к царствованию Николая I. На крышке часов всегда был портрет императора и дарственная надпись, которая не всегда была именной. Вначале часы были золотыми, позднее появились серебряные с позолотой, на них был выгравирован портрет императора или государственный герб. Часы были поначалу Швейцарскими. Во время правления Александра III часами стали награждать нижние чины. Золотыми часами в это время награждали редко. Чаще это были серебряные часы. Награжденных часами стали заносить в Послужной список с указанием даты и причины награждения. При Николае I портрет императора убрали, остался Государственный герб. На особо ценных экземплярах золотых часов вензель императора под короной был из бриллиантов. Эти особые часы преподносились военачальникам, придворным и дипломатам. Часы из Кабинета Его Императорского Величества хранить после революции 1917 года, и тем более носить при себе было смертельным приговором. Поэтому за годы правления большевиков-коммунистов часы практически исчезли.

Старинное **фото:** Алтайские виды

***

7/. Петропавловская крепость и Петропавловский собор. Историческая справка.

Беломраморные саркофаги и надгробия для всей романовской династии. Саркофаги для царя Александра II и для Марии Александровны, исполненные мастерами Колыванской, Екатеринбургской и Петергофской гранильных фабрик.

Замена деревянных конструкций шпиля Петропавловской крепости металлическими конструкциями уральским инженером Иосса. За особые труды по заготовке и отделки каменных блоков для саркофагов П.Ивачёву от Кабинета денежная награда. Жизнь семьи Ивачёвых в Петергофе. 3 августа 1910 г. смерть Павла Андреевича Ивачёва. Пособие и пенсия вдове Анне Аполлоновне, опекунство детям.

Петропавловская крепость и Петропавловский собор находятся на Заячьем острове. 16 мая 1703 г. крепость заложена при Петре I. Шесть бастионов и 2 равелина... Алексеевский равелин, Трубецкой бастион, и Невская куртина были тюрьмой с особо строгим режимом, где были заключены: А.Н.Радищев, декабристы, петрашевцы в их числе М.Ф.Достоевский, и народовольцы среди них непреклонный Нечаев Сергей Геннадьевич (1847-82). Организатор тайного общества *Народная расправа*. Автор безумного *Катехизиса революционера*. В своих антиправительственных действиях он использовал методы провокации. В 1869 году убил по подозрению в предательстве студента И.И. Иванова и скрылся за границу. В 1872 году был выдан Швейцарскими властями и приговорён в России к 20 годам каторги. Содержался в одиночной камере Алексеевского равелина. Психически был неуравновешен, под конец жизни наступило явное умственное помешательство. Умер в каземате Петропавловской крепости. Для большевиков он стал символом и примером бескомпромиссной борьбы с самодержавием.

Петропавловский собор, (**см. Фото**) названный во имя первоверховных апостолов Петра и Павла, ставший усыпальницей русских императоров и членов семьи дома Романовых.

После смерти Петра I гроб с его телом был помещён во временной часовне внутри строящегося собора.

В соборе были похоронены все императоры и императрицы.

Трёхъярусная колокольня собора возвышается на 122,5 метра.

Шпиль колокольни с фигурой летящего ангела стал символом города.

В 1865 году все надгробия были заменены беломраморными саркофагами с позолоченными крестами.

Императорские саркофаги украшены двуглавыми орлами.

Два саркофага отличаются от остальных. Они изготовлены на Петергофской гранильной фабрике, в 1887-1906 гг. над ними трудились мастера Колывани и Екатеринбурга.

Саркофаг царя Александра II из Колыванской зеленоволнистой яшмы и саркофаг его супруги Марии Александровны из розового орлеца.

В 1857-1858 гг. деревянные конструкции шпиля трёхъярусной колокольни были заменены металлическими, изготовленными на заводах Урала*.

В 1919 году Петропавловский собор был закрыт и в 1924 году превращён в музей. В Великую Отечественную войну Петропавловская крепость с колокольней собора были на прицеле у немцев. Но как фашисты не старались, разрушить шпиль колокольни они не смогли, но реставрация и ремонт фасадов и интерьеров Петропавловского собора продолжались до 1957 г.

17 июня 1998 г. в Екатерининском приделе, помещены останки принадлежащие императору Николаю II императрице Александре Фёдоровне, цесаревичу Алексею, великим княжнам Татьяне, Марии, Ольге и Анастасии, убитых в Екатеринбурге в 1918 г. Вместе с обнаруженными останками погребены лейб-медик Е.С. Боткин, лакей А.Е. Трупп, повар И.М.Харитонов и горничная А.С.Демидова зверски растерзанные большевиками-коммунистами в подвале Ипатьевского дома.
Русская Православная Церковь, вела самостоятельные расследования, не согласилась с заключениями экспертов и не признала результаты генетической экспертизы.

Примечание: ...на заводах Урала* В 1858 году угловое железо для остова шпиля Петропавловской крепости в Петербурге были изготовлены горным инженером-металлургом Александром Андреевичем Иосса.(1810-1894) Он их и устанавливал в Петербурге. Его старшие дети Александр и Николай пошли по стопам отца, занимались металлургией. Младшие Юлия и Иван заболели чахоткой. Родители отправили их на воды в Германию, где они и умерли. Юлия и Иван Иосса похоронены на кладбище в Висбадене.

Ивачёву: *За особые труды по заготовке и обделке камня для памятника в Бозе почивающему Александру II Управляющим Кабинетом Его Императорского Величества назначено в награду 500 рублей.*
Долго не удавалось определить о каких камнях в этом Указе идёт речь. Все памятники царям были большевиками уничтожены. Это лишний раз доказывает, что большевики мало чем отличаются от варваров всех времён и народов. Один варвар сменял на троне другого и уничтожал всё связанное с именем своего предшественника. Поиски привели меня в Московский Кремль. Теперь едва ли кто вспомнит, что на набережной у Кремлёвской стены был построен великолепный памятник царю Александру II. Москвичи постарались во всю. Для этого памятника готовился камень. Нашлись сведения где камень добывался, кто добывал, кто ведал доставкой. Но имени Ивачёва там нет. За что же, за какие *особые труды по заготовке и обделке камня в Бозе почивающему Александру II»* Кабинет Его Императорского Величества назначил Ивачёву награду? Пришлось возвращаться в Петербург. Странно но даже коренные петербуржцы и ленинградцы не могли мне ответить на этот вопрос. Находясь в Германии я узнал ответ. Бросил все дела и полетел в Петербург. И вот я в Петропавловской крепости. Вот они камни, которые я искал и наконец-то нашёл. Это царские саркофаги. Из Зелёноволнистой колыванской яшмы для царя Александра II и из розового орлеца для императрицы.

Удивительным и невероятным кажется, что имя нашего, моего предка Ивачёва связано с этими каменными саркофагами и русские мастера Петергофской гранильной фабрики постарались так, что камни светятся. От них отойти невозможно. Я возвращался к ним ещё много раз.

Фото: *Саркофаги Царя Александра II и его супруги Марии Александровны*

Как жилось Павлу Андреевичу вдали от родных мест. Вспоминал ли он Колывань, где прошли его молодые годы и утраченные иллюзии, и осуществлённые надежды? Наверно вспоминал Радлова предсказавшего ему жизненный путь. Ну а сам Ивачёв доволен ли? Всё ли свершилось как ему хотелось? Сейчас пройдя по его жизненному пути означенному и закреплённому во многих официальных документах и в личных бумагах и письмах можно подвести итог. Он исполнил многое из задуманного, но человек так устроен. Поднявшись на одну гору он хочет одолеть следующую. И так без конца. Лишь бы не во зло людям и окружающей природе без которой мы люди ничто.

Позади Воротников и Сыромятников со своим «*Прошением*». Они хотели высказать свою нужду и жалобу на беспросветную жизнь возле каменных блоков. Но не смогли этого выразить, и убедительно рассказать. А всё объясняется проще. Они без этой каменной работы другой жизни без Колывани для себя не представляли.

Здесь в Петергофе всё иначе. И работа для мастеров полегче. Не надо добывать каменные блоки далеко от жилья и жить там в горах месяцами. А потом по бурлацки тащить эти каменные глыбы надрываясь из последних сил.

Жильё здесь лучше. Не такое примитивное как там в Колывани. Домики на улице специально построены для мастеров инженеров и администрации. Только вот квартира маловата.

Старшие дочери учатся в Томске посещают Мариинскую гимназию. Живут при гимназии в Пансионе. И родственники рядом. Неподалеку Людмила, сестра Анны Аполлоновны и тесть протоиерей Аполлон Лашков. Взять детей к себе в Петергоф родители не могут. Поместить их будет негде. Придётся обращаться к начальству, другого выхода нет.

И главный мастер Петергофской гранильной фабрики пишит Рапорт.

Его Превосходительству Господину
Директору Императорской Петергофской Гранильной фабрики
(от) Главного мастера П.Ивачёва
Рапорт

Квартира занимаемая мною в доме № 3 в первое время была для меня вполне достаточной, но в январе месяце приехала из Томской гимназии больная дочь моя Мария, а затем 23 марта жена разрешившись от беременности добавила ещё одного члена семьи, для которого потребовалось взять ещё няню. Для всех этих добавочных членов семьи понадобилось три кроватки: но так как в квартире нашлось место только для одной, то новорожденная девочка помещается пока на кресле, няня на приставных стульях возле кровати жены. Сам же я приютился в кабинете, но имея ввиду что в будущем июне месяце должна приехать из Томска старшая дочь Маргарита, которая ныне оканчивает гимназию, а вместе с ней приедут на побывку тесть мой протоиерей Лашков и сестра жены, то принять у себя этих близких родных я решительно затрудняюсь. Не только отдельной комнатки для двух старших девочек, но ни какого уютного уголка отделить для них не могу.

А потому убедительно прошу Ваше Превосходительство разрешить мне другую более поместительную квартиру в доме №9, которая временно занята офицерским собранием
17 апреля 1903 г.
Главный мастер П.Ивачёв

Это были временные трудности, но они были. И благополучно разрешились. Жилищные проблемы для семьи главного мастера были разрешены.
Впереди были ещё годы плодотворной работы. Павел Андреевич Ивачёв так надеялся ещё поработать. Надо было заботиться о семье, о детях. Ему было только 66 лет...

Но случилось непредвиденное. Сохранилось сообщение Старшего врача Петергофской гранильной фабрики .

* * *

Министерство Императорского Двора
   Старший врач Петергофского Госпиталя Дворцового Ведомства
   Петергоф. 3 авг. 1910 №-1225
   Его Превосходительству
Директору Императорской Петергофской Гранильной Фабрике.
«2-го сего Августа Главный мастер, вверенной Вашему Превосходительству фабрики, **Павел Андреевич Ивачёв** между 7 и 8 часами вечера скончался от паралича сердца, о чём доношу Вашему Превосходительству».
   Старший врач, состоящий при Петергофской Императорской Гранильной фабрики
         А.Строганов.

* * *

Петербург
Главное Управление уделов
(телеграмма)
Второго сего Августа понедельник в восемь часов вечера от паралича сердца скончался Главный мастер фабрики Павел Андреевич Ивачёв
Телеграфирую Кабинет Его Величества о назначении пособия на погребение о выдаче сумм причитающихся из кассы взаимопомощи.
   Подписали Директор Гун. Зав. Хозяйством Цветков

* * *

Министерство Императорского Двора
   Кабинет Его Императорского Величества
   21 сентября 1910 г. № 14212 С.-Петербург
Господину Директору Императорской
Петергофской гранильной фабрики.
Главное Управление Уделов, 20 сего сентября, сообщило, что вдове главного мастера Петергофской гранильной фабрики, коллежского советника Ивачёва, Анне с детьми: Николаем, Аполлоном, и Александрой, назначена пенсия по Закону, по 1250 руб. в год, С производством с 2 августа 1910 г. из Петергофского уездного казначейства.
  Об этом Кабинет Его Величества уведомляет Ваше Превосходительство, для объявления вдове Ивачёвой
  И.д Помощника Управляющего Кабинетом
    Флигель – адъютант Полковник (подпись)
    Делопроизводитель (подпись)

* * *

   Указ Его Императорского Величества
   Самодержца Всероссийского
   из Петергофской Городовой Ратуши
   Опекунство
над малолетними детьми умершего Коллежского Советника Павла Ивачёва, вдове его Анне Аполлоновне Ивачёвой
Городовая Ратуша, по выслушивании Прошения вдовы Коллежского Советника Анны Аполлоновны Ивачёвой, об учреждении над малолетними детьми её, опекунского управления, приказали:
  Согласно настоящего Ходатайства вдове Коллежского Советника, Анны Аполлоновны Ивачёвой, учредить опекунское управление над малолетними детьми её:

Николаем род. 17 дек. 1894 г.

Аполлоном род. 1 марта 1898 г. и

Александрой род. 23. февр. 1903 г.

Опекунствующею утвердить её просительницу Анну Аполлоновну Ивачёву, которой и послан сей Указ. Предписать ежегодно доносить Ратуше о воспитании и образовании малолетних.
Сентябрь 13 дня 1910 г.

* * *

В это же время, в Петергофской Городовой ратуше был издан Указ, аналогичного содержания, в котором: *«выслушав Прошение несовершеннолетней дочери умершего Коллежского Советника, Татьяны Павловны Ивачёвой, об учреждении над ней попечительства:*
Попечительствующей утвердить, изъявившую на это согласие, родную мать её Анну Аполлоновну Ивачёву, которой и послать о сем Распоряжение Ратуши, и объявленной несовершеннолетней Татьяне Ивачёвой.
Сент. 13 дня 1910 г.

Примечание: Материально семья покойного главного мастера Петергофской гранильной фабрики Павла Андреевича Ивачёва была обеспечена. Опекунство детей установлено.
Но казённую квартиру вскоре пришлось освободить. Вдова Анна Аполлоновна Ивачёва вначале пыталась найти подходящее не дорогое жильё в Петергофе. Несколько раз меняла квартиры...
Потом началась война. Революция. Ленинские декреты лишивших семью средств к существованию. Смерть детей. В 1919 году умерла младшая дочь Александра и погиб старший сын Николай краснофлотец служивший на эсминце «Гавриил». Анне Аполлоновне, за погибшего сына государство платило какую то пенсию, как матери погибшего краснофлотца.
  В 30-х годах Лашковы нашли детей Ивачёва в Ленинграде. Благодаря этой нечаянной встречи сохранились сведения о судьбе семьи покойного Павла Андреевича Ивачёва. Сами они предпочитали молчать и не вспоминать о прошлом. Фамильные документы не сохранялись и более того были уничтожены. Они никогда не афишировали своё родство с Колыванскими Ивачёвыми и в Эрмитаже поэтому о их существовании не ведали.
Более того, когда писатель земли алтайской А.М. Родионов копался в ленинградских архивах и разгуливал по Эрмитажу, дети Ивачёва жили в том же Ленинграде, и ходили по тем же улицам и переулкам. Предположим А.М.Родионов не знал что Лашковы родственники Ивачёвых. Предположим!?
 Но ведь достаточно было зайти в справочное бюро Ленинграда и назвать фамилию **Ивачёв**. А ведь Родионову было известно, что Павел Андреевич Ивачёв работал и жил в Петергофе! Ведь Родионов перелопатил все архивы. Занимался Сыромятниковым и Воротниковым, доискивался до мифического автора Колыванской юбилейной книги, обвиняя уважаемых и честных людей в плагиате, а тем временем, когда в, Родионов занимался этой самодеятельностью в Ленинграде жил Аполлон Павлович Ивачёв, ветеран Великой Отечественной войны. И умер он сравнительно недавно в 1986 году!
Меня могут спросить. А что же вы Николай Андреевич, которого в городе Щучинске, где вы работали и занимались краеведением, прошли мимо этой истории? Ведь вас земляки называли *«Наш Андроников»*. Как могло такое случиться!? Я себя за это упущение казнил уже много раз! Все сведения полученные от родителей и семипалатинских Ивачёвых были о Колывани. Ещё мой отец, работавший в газетах пытался найти подтверждения сведениям, которые так красочно могли рассказывать Ивачёвы. Обращался он в Колывань. Получал ни чего не говорящие типичные советские отписки. Когда я занялся этой историей и вышел на Барнаул, то получил сведения которые там имелись. Прислали даже фотографию П.А.Ивачёва с музейного стенда с датой смерти в 1917 году! Мы тогда и решили погиб Ивачёв. Убили, во время революции. Но а как могло случится что А.М.Родионов не обращал внимания на неправильные даты в барнаульском музее под портретом П.А.Ивачёва!? Не надо никуда ездить. Всё на витрине в уважаемом музее города Барнаула. «Портрет Ивачёва П.А. и дата 1847-1917» и для верности от руки 1957г № 8100. инвентарный номер. Могу добавить. Во многих документах советского периода биографии двух братьев Ивачёвых перепутаны. Почему? А потому что один Павел, а другой Пётр. Инициалы одинаковые. И это не известно А.М.Родионову, музейным и архивным работникам Барнаула, а когда я обращался по этим адресам... но это уже отдельная тема! Послал я в Барнаул воспоминания Ивачёвых и семейные легенды в надежде что опубликуют в местной печати. Вдруг кто откликнется. Отвергли. Не приняли в печать.
Спрашиваю: почему? *А в них нет ни чего краеведческого.* Вся переписка при мне. Могу продемонстрировать! И куда только я не писал! Во все города и веси. Собрал списки Ивачёвых казнённых и награждённых. По этой теме могу сделать отдельную книгу. Но если бы мне в те годы, одно слово, только одно слово-*Петергоф*... Но, что было, то прошло. Перед вами, мои дорогие читатели, страницы прошлой жизни, о которой забыть нельзя, а пройти мимо непростительно никому!

***

8/. Андрей Васильевич Ивачёв

Основатель родословной Ивачёвых в Колывани. Жена Прасковья Николаевна. Её Воспоминания переданные сыну Павлу Андреевичу. Лев Андреевич Ивачёв-прадед, Григорий Андреевич Ивачёв-дед Николая Дубовицкого по материнской линии. Пётр Андреевич Ивачёв. Имена Ивачёвых в Эрмитаже.
Семья Павла Андреевича Ивачёва: Жена Анна Аполлоновна Лашкова. Дети: Маргарита, Мария, Татьяна, Николай, Аполлон и Александра. Николай Ивачёв и эсминец «Гавриил».
Аполлон Ивачёв участник 4-х войн.

Андрей Васильевич Ивачёв (1811-1860) из нижних чинов бергаеров Алтайских горных заводов, был женат на Прасковье Куртуковой (1817-1897).
Прасковья-дочь сельского священника Николая Куртукова (1795-!824)
Андрей Васильевич умер 49 лет. В семье было 6 сыновей: Павел, Пётр, Лев, Константин, Иван, и дочери: Анна (1849-1932) и Александра.
Анне было семь лет, когда умер её отец. 18 лет она вышла замуж за Василия Константиновича Серкова (1846-1921) У них было 9 детей: Екатерина, Павел, Николай. Елизавета, Клавдия, Анна, Пётр, Мария, Василий.
Дочь Мария родилась в 1891 году она мать Кирилла Владимировича Лашкова, одного из авторов этой книги.

Сохранились *воспоминания Прасковьи Николаевны* записанные её сыном Павлом Андреевичем Ивачёвым. Рукопись с рассказами бабушки Прасковьи сохранил её внук Аполлон Павлович Ивачёв. Это небольшое жизненное повествование называется:
«Из рассказов прабабушки Прасковьи, записанных её сыном Павлом Андреевичем Ивачёвым».
На первой странице Павел Андреевич сделал вступление:
«Сколько раз собирался я записать некоторые из рассказов моей матери, но боялся и до сих пор боюсь, что в моём переложении они утратят ту чистоту, ту убедительность, какими дышало каждое слово рассказчицы. Впрочем попробую. Но прежде всего я должен сказать два слова о самой рассказчице.
В 1824 году семилетним ребёнком осталась она сиротою по смерти своего отца – сельского священника – и до самого замужества своего жила в своей родной деревне Кашиной Томской губернии, с матерью, которая имела на своём попечении, кроме неё ещё троих сыновей и дочь. Казалось бы, что для простой, безграмотной деревенской девушки жизнь захолустной деревни не могла дать никакой пищи для ума, но вышло наоборот: мать моя вынесла из этих нескольких лет своей сознательной деревенской жизни столько ценных наблюдений для истинно верующего человека...»

В январе 1976 года внук бабушки Прасковьи Аполлон Павлович Ивачёв передал рукопись Кириллу Владимировичу Лашкову, мать которого Анна Андреевна Ивачёва родная дочь Прасковьи Николаевны Куртуковой.
Изучив воспоминания Прасковьи Николаевны, которая приходится ему прабабушкой. Кирилл Владимирович аккуратно перепечатал их на пишущей машинке и оставил следующую запись:
«Приведенные рассказы являются не только любопытным письменным памятником, свидетельствующим о незаурядных литературных способностях как рассказчицы, так и лица её записавшего, но и важным источником сведений о жизни далёких предков и их моральных взглядах. Пусть сегодня наивно выглядит бесхитростная история бедных Кобелевых, вознаграждённых за свою добродетельную жизнь, но в ней явно чувствуется, что рассказчица выбрала её не случайно и горячо одобряет благотворительную деятельность Ульяны Степановны, считает её достойной подражания.

Религиозный настрой рассказов прабабушки Прасковьи не должен смущать современного читателя – он отвечает духу того времени, среде, в которой вращалась рассказчица. Более того нас должны интересовать отражённые в рассказах черты деревенского быта того времени, стремление поделиться с потомками давними примечательными событиями. Не следует забывать, что сказительница Прасковья Николаевна, в детстве была неграмотной и научилась читать и писать позже от своих сыновей получивших образование.»

Этими сыновьями были:Павел окончивший Императорскую Академию Художеств, Пётр Технологический институт

Сын Андрея Васильевича **Лев Андреевич** (1856 – 1898).

Из семьи Льва Андреевича Ивачёва известны двое детей: Евгений и Григорий.

Григорий Львович Ивачёв дед Дубовицкого Николая по материнской линии.(сведение об этой семье далее по тексту).

Николай Андреевич Дубовицкий (один из авторов этой книги)

Лев Андреевич Ивачёв мастер Колыванской шлифовальной фабрики. Прошёл обычный путь колыванских детей из семьи горных мастеров и камнерезов. Учился в Барнаульском окружном горном училище. Работал на Колыванской шлифовальной фабрике

Умер 24 января 1887 года 67 лет от роду. Похоронен на кладбище Колывани. Сведения о надгробном памятнике в Томском областном краеведческом музее (Опись 4, дело 310. лист 44).

По воспоминаниям Анфии Григорьевны Ивачёвой, (мать Николая Дубовицкого) в то время когда её родители Григорий Львович и матушка Пелагея Григорьевна жили в Семипалатинске, к ним однажды приехал брат отца с женой. Все были очень удивлены и обрадованы. До этого дети не знали что у отца есть брат..

Гражданская война разбросала всех родственников по стране и даже за её пределы. О судьбе своего родного брата Григорий Львович не знал и вот он нашёлся. Это был Евгений Львович. Была радостная встреча. А гости брат и жена удивлялись сходству детей. Особенно их поражала Мария одна из сестёр Анфии. Они были как близнецы! По воспоминаниям Анфии родственники приезжали из Томска. О семьях детей Андрея Васильевича Ивачёва: Павла, Петра, Льва и Анны в замужестве она Серкова, имеется достаточное количество собранных сведений.

Константин, из Колывани далеко не уезжал, помогал дома по хозяйству и всё лето проводил на пасеке. Он не был женат и потомства не оставил.

Об Иване и Александре сведений не сохранилось

Пётр Андреевич Ивачёв

действительный статский советник, был первым директором открытого Александровского училища в городе Тюмени. (Павла Андреевича и Пётра Андреевича часто путают из-за одинаковых инициалов).

Родился в 1847 году. Окончил Барнаульское окружное горное училище, позднее учился в институте и стал инженером-технологом.

В 1877 году к 40-летней годовщине посещения города Тюмени, Императора Александра II в бытность Его Наследником престола была торжественная закладка здания для

реального училища (см. **Фото**) на деньги пожертвованные купцом Подаруевым. Здание построено по проекту Петербургского архитектора Воротилова. **Фото**: *Пётр Андреевич Ивачёв с супругой*

На первом этаже квартира директора, канцелярия, физический, механический, естественно-исторический кабинеты. На втором этаже учебные классы и кабинеты, читальный и рисовальные залы. Библиотека и комната педагогического совета. В полуподвальном этаже мастерские и гимнастический зал. Училище считалось одним из лучших учебных заведений в Западной Сибири. Первым директором училища был назначен действительный статский советник Пётр Андреевич Ивачёв. Прослужил он недолго. Приказом Министерства Народного просвещения от 18 августа 1879 года директором был назначен Иван Яковлевич Словцев правнучатый племянник историка Петра Словцева.
До Тюмени П.А.Ивачёв был директором Омского механико-технического училища.
Пётр Андреевич Ивачёв умер 30 января 1916 года. 2 февраля в газете *«Сибирская жизнь»* было сообщение об отпевании его в Сретенской церкви и похоронах на Вознесенском кладбище.

Имена Ивачёвых в Эрмитаже.
Медальон *«Родомысл»*
Работу начал Василий Черемнов, но тяжело заболел. Закончить работу поручили И.Ивачёву. Автором проекта медальона *«Родомысл»* был граф Ф.П. Толстой. В начале нашего повествования мы довольно подробно остановились на его художественной биографии, но не менее интересная его биография житейская. Поначалу даже не верится что граф Толстой был близок к декабристам, более того состоял в *«Союзе благоденствия»*. Его друзьями были: Глинка Фёдор Николаевич (1786-1880) поэт и один из руководителей «Союза благоденствия» наказан ссылкой. Бестужев Михаил Александрович (1800-71) штабс-капитан, приговорённый к 20 годам каторги. Братья Муравьёвы-Апостолы: Матвей (1793-1886) один из создателей «Союза благоденствия» 20 лет каторги, Сергей Иванович Муравьёв-Апостол (1795-1826) повешен. Кондратий Рылеев (1795-1826) повешен.
Как удалось графу Толстому избежать жестокого наказания? Оказывается он за несколько лет до восстания изменил своё мировоззрение и вышел из *«Союза благоденствия»*. Во время одумался, но не донёс.

И всё же милость Императора Николая II необъяснима. Более того через три года после разгрома восстания, граф Толстой получил пост вице-президента Академии художеств.

Медальон Отечественная война 1812 года. «*Народное ополчение*» был выполнен под руководством И.М. Ивачёва (см. стр. 15-16)

В 1836 году на Колыванской шлифовальной фабрике была изготовлена из зеленоволнистой ревневской яшмы четырёхугольная чаша, с пьедесталом из светло- фиолетовой коргонской яшмы в общей сложности высотою 2 аршина. Мастер М.Ивачёв Это копия той самой вазы, которая была в 1807 году отправлена в Петербург и подарена Александром I, Наполеону Бонопарту.

1831-1843 гг.Колыванская ваза. «Царица ваз»

Проект архитектора А.И.Мельникова
Камень добыт в 1829 году Унтершихтмейстером Колычевым. На месте обсекался два года. Мастера И.М.Ивачёв, И.С.Колычев. Шлифовальщики и отдельщики (см. стр. 15-16)
В феврале 1843 года Колыванская чаша отправилась в путь под наблюдением Берггешворена 12 класса И.М.Ивачёва. Вес чаши более 1200 пудов.

1828-1841 гг. Торшер из серофиолетового коргонского порфира, с накладным бронзовым орнаментом. С четырьмя львиными грифонами. Бронзовая отделка торшера разработана И.И. Гальбергом
По данным Е.М.Ефимовой «Торшер изготовили И.М.Ивачёв и Н.В.Стрижков под руководством М.С.Лаулина» ему
28.марта 1829 года. «*За тщательную отделку двух канделябров, Высочайше пожалован бриллиантовый перстень*». За отличную работу и «...для поощрения к вящему усовершенствованию в той фабрике каменного искусства»
Были награждены чиновники и мастеровые.
Местонахождение Торшера-«Зал итальянского искусства»

1816-1819 гг.Чаша из зелено-волнистой ревневской яшмы, овальной формы на высокой ножке и на квадратном основании, оправленная венком из дубовых листьев украшенных золочёной бронзой. Сделана по рисунку Дж. Кваренги. Камень для её изготовления добыт в 1815 году. Вес монолита превышал 700 пудов. Для доставки камня от каменоломни до фабрики потребовалось 400 рабочих. Обработка продолжалась три года. При отправке чаши в Петербург были задействованы шихмейстер Коновалов и каменодельный подмастерье Ивачёв. За удачное исполнение фабрикой сложнейшего заказа М.С.Лаулин награждён орденом Владимира 4-й степени. Шихмейстер 13 класса Коновалов, сопровождавший чашу в Петербург и следивший за её установкой на месте награждён орденом Анны 3-й степени. Подмастерье Мурзинцев в должности мастера, чином шихмейстера 13-го класса и одновременно 200 рублей ассигнациями. Подмастерье Ивачёв званием унтершихтмейстера и единовременно 200 рублей ассигнациями. Сверх того всем занимавшихся отделкой чаши на раздел по усмотрению начальства было выдано 3 000 рублей.

Местонахождение чаши. Галерея ведущая от вестибюля к парадной лестнице Зимнего дворца.

Саркофаг для Царя Александра II из зеленоволнистой яшмы. Саркофаг для царицы Марии Александровны из орлеца
Камень для саркофага добыт на каменоломне в Колывани там же произведена грубая обработка монолита. Для окончательной отделки доставлен на Петергофскую гранильную фабрику.
Камень для саркофага царицы Марии Александровны из орлеца, добыт на Урале. Доставлен для обработки в Петергофскую гранильную фабрику
Оба саркофага находятся в Петропавловском соборе.
«За особые труды по заготовке и отделке каменных блоков для саркофагов. П.Ивачёву от Кабинета Его Императорского Величества была денежная награда.»

На месте смертельного поранения Царя-Освободителя была установлена Сень, шатёр. Её местонахождение Храм Христа Спасителя в Петербурге. Высочайшим повелением награждены все исполнители работ, в их числе Павел Андреевич Ивачёв.
«На основании Высочайшего Его Императорского Повеления за труды по изготовлению и сооружению во Храме Воскресения Христа, Сени над местом смертельного поранения в Бозе почившего Государя Императора Александра II, Высочайше пожалованы Главному мастеру Императорской гранильной фабрики, коллежскому советнику Ивачёву золотые часы с изображением Государственного герба, украшенного бриллиантами».

Семья Павла Андреевича Ивачёва в Колывани:
Фото: *Ивачёв Павел Андреевич и Анна Аполлоновна рождённая Лашкова. Протоиерей Лашков Аполлон-отец Анны.*
Дети: Маргарита (6 июля 1886 г.), Мария (26 марта 1888 г.), Татьяна (27 июля 1893 г.), Николай (17 декабря 1894 г.), Аполлон (1 марта 1898 г.),
(двое в шляпах- гости) Александра 23 марта 1903 г. рождения. На фотографии её нет.

Николай Павлович Ивачёв старший сын
Родился в селе Колыванском Томской губернии 17 декабря 1894 года.
Восприемниками у него были *законоучитель Томской Мариинской женской гимназии священник Аполлон Александрович Лашков и Зинаида Семёновна Тобизен жена начальника Томской губернии, тайного советника и гофмейстера.*
Обряд крещения совершил священник В.Изосимов с псаломщиком В.Красиным.

В 1902 году семья Ивачёвых переехали в Петергоф. Николай Ивачёв успешно учился в Петергофской гимназии имени императора Александра II. Гимназия выделялась среди прочих учебных заведений своей близостью к Царскому Двору и к высокопоставленным лицам империи, проживающих в Петергофе.

Старый Петергоф с великолепными дворцами многочисленной знати, был летней резиденции Романовых. Преподаватели в такой гимназии и преподавание были на самом высоком уровне.

Полное название гимназии: «*Петергофская гимназия Императора Александра II*». Не часто приходится видеть такие документы из прошедшей эпохи. Поэтому авторы этой книги решили привести документ об окончании Петергофской гимназии Императора Александра II полностью.

Аттестат зрелости.

Дан сей сыну коллежского советника Николаю Павловичу Ивачёву, православного вероисповедания, родившемуся в с. Колыванском Томской губ. Тысяча восемьсот девяносто четвёртого года декабря 17-го дня в том, что он вступив в Петергофскую гимназию Императора Александра II, 8-го февраля 1905 года, при отличном поведении, обучался по 6-е апреля 1913 года и окончил полный восьмиклассный курс, при сем обнаружил нижеследующие познания. (Далее следует перечень предметов. Оценки по пятибальной системе)

Закон Божий, Русский язык с церковно-славянским и Словесность, Философская пропедевтика, Латинский язык, Математика, Физика, Математическая география, История, География. Законоведение, Немецкий язык, Французский язык, ...

На основании этого и выдан ему сей аттестат зрелости, предоставляющий все права обозначенные в §§ 130-132 Высочайше утверждённого, 30 июля 1871 г., Устава Гимназий и Прогимназий.

Петергоф. Июня 4 дня 1913 года

Директор Н.Шубин

И.о. Инспектора М.Измайлов

Законоучители: Священник М.Диаконов, Протоиерей А.Борисоглебский, Пастор Бедунин.
Преподаватели: М.Фармаковский, В.Добровольский, В.Бабинков, М.Квитницкий, П.Успенский, А.Фребер, Н.Самбикин, А.Рассовский, Г.Кузик, В.Переслегин, Б.Переслегин, Ф.Цветков, К.Жарновицкий, А.Гладков, М.Мартенс, Е.Ушаков, А.Чилингарова, Н.Петровых.
Секретарь Педагогического Совета М.Дурандин

Николай Ивачёв интересовался техникой. Имея на руках Аттестат зрелости он решил поступить в Санкт-Петербургский политехнический институт. В то время Ивачёвы жили в Петергофе на Оранжерейной улице в доме № 18. Поступающему в Политехнический институт следовало предъявить *Свидетельство военнообязанного* приписанного к призывному участку.(см. ниже)

В институте Николай Ивачёв проучился год. 1914 год. Грянула война. Молодые люди, друзья и знакомые Николая Ивачёва уходили на войну. Он, увлечённый общим патриотическим подъёмом, старается следовать вместе с ними, но его на фронт не берут. Тогда в 1915 году Николай Ивачёв переводится в Кронштадт на механическое отделение Морского инженерно технического училища имени Николая I.

Кронштадт старинная морская крепость. В порту военные корабли готовы выйти в открытое море навстречу врагу. И юный Николай Ивачёв уже видит себя на одном из этих кораблей под Андреевским флагом.

Свидетельство

Дано сие от Управления 1 участка города Петергофа студенту Петроградского Политехнического института, сыну коллежского советника
Николаю Павловичу Ивачёву, проживающему в доме по Царицынской улице № 7,

для предъявления в Кронштадтское Морское инженерное училище Императора Николая I, в том, что он действительно то самое лицо, как означено выше и что он за время проживания в гор. Петергофе с 5 июня с.г. и за время прежнего проживания, поведения хорошего и трезвого, хорошей нравственности и ни в чём предосудительном замешан не был и политически благонадёжен.

В чём управление участка удостоверяет с приложением казённо печати.
Июля 29 дня 1915 года
Первый участок города Петергофа
Пристав (подпись)

Фото: Николай Ивачёв

Юные курсанты Кронштадтского Морского инженерного училища мечтали не только о боевых подвигах, но и о посещении столицы со всеми её достопримечательностями. Тем временем, отрезанные от Петрограда водами Финского залива они изучали техническое устройство кораблей, не отвлекаясь на прелести столицы. Февраль 1917года. В Петрограде революция. Царь Николай I отрёкся от престола. Власть перешла в руки Временного правительства. Изолированные от Петрограда курсанты продолжали учиться. В октябре 1917 года в Петрограде произошёл переворот. Власть захватили большевики во главе с Лениным. Отрезанные от Питера водами Финского залива курсанты продолжали изучать военное дело под руководством оставшихся на своих постах преподавателях, принявших сторону революции. В 1919 году Николай Ивачёв окончил Инженерно техническое училища, к тому времени утратившее гордое наименование Николаевского, и Приказом по флоту Балтийского моря №301 от 3 июня 1919 года инженер-механик Н.П.Ивачёв был назначен трюмным механиком эскадренного эсминца «Гавриил».

Примечание:
Заложенный в ноябре 1913 года на Русско-Балтийском заводе, эскадренный эсминец «Гавриил» был головным кораблём в новой серии эскадренных эсминцев типа «Новик». 23 ноября 1914 года корабль был спущен на воду.
Матросы приветствовали свержение царского самодержавия и вместе с ревельскими рабочими и с матросами с других кораблей вышли на митинг. Весной 1918 года эсминец «Гавриил» будучи в составе Красного Балтийского флота оказался отрезанным льдами от территории Советской России, но выполнил директиву Красного центра срочно уйти в Кронштадт. При

неполной численности личного состава, с помощью ледоколов эсминец *«Гавриил»* благополучно дошёл до Кронштадта. Командир В.В. Севастьянов, комиссар Н.П.Лепёшкин.

В мае 1919 началось наступление Юденича на Петроград. Защищая слабо вооружённые тральщики в Копорском заливе, эсминец «Гавриил» вступил в бой против четырёх английских миноносцев. Героические действия экипажа «Гавриила» были отмечены Реввоенсоветом Республики. В приказе по Красному Балтфлоту № 933 от 2 июня 1919 года экипажу *«Гавриила»* была объявлена благодарность.
3 июня 1919 года инженер-механик Н.П.Ивачёв поступил на корабль и принял обязанности трюмного механика. **Фото:** *Эсминец «Гавриил»*

4 июня эсминцы *«Гавриил»* и *«Азард»* вели бой с четырьмя эскадренными миноносцами противника, в результате этого боя была потоплена подводная лодка интервентов.
13 июня 1919 года контрреволюционерам обманным путём удалось захватить форты *«Красная горка»* и *«Серая лошадь»*. Возникла угроза Кронштадту. Со стороны суши наступала армия Юденича. В эти тяжёлые для революции дни большую помощь оказали корабли Красного Балтфлота, в их числе был эсминец *«Гавриил»*.
18 августа группа английских быстроходных катеров, под прикрытием самолётов, атаковали Кронштадт. Два английских катера прорвались в *Среднюю гавань* Кронштадта. Им удалось потопить крейсер *«Память Азова»* и торпедировать линкор *«Андрей Первозванный»*, но на выходе из гавани они были потоплены эсминцем *«Гавриил»*.
21 октября 1919 года в 2 часа ночи, выполняя приказ командования, дивизион эсминцев *«Свобода»*, *«Константин»* и *«Азард»*, возглавляемые эсминцем *«Гавриил»*, вышли на постановку мин в Копорском заливе и наскочили на минное поле. Первым подорвался *«Гавриил»*, следом за ним *«Свобода»* и *«Константин»*.
Только команде *«Азарда»*, маневрируя удалось уйти с минного поля и невредимым вернуться в Кронштадт.
Моряки спасшиеся с *«Гавриила»* рассказывали: Взрыв произошёл в носовой части корабля, слева около динамомашины. Погас свет и корабль стал крениться на левый борт. Был дан приказ залить правые отсеки корабля, команде спускать шлюпки на воду и спасаться. Спустить вельбот с правого борта не удалось. На воде оказались только шлюпка-шестёрка и четвёрка, которые приняли 19 человек. Эсминец быстро погружался. Вскоре раздался взрыв. Корабль переломился пополам и ушёл под воду. На «Гаврииле» погиб не только весь командный состав во главе с командиром корабля В.В. Севастьяновым, но и командование Первого дивизиона эсминцев: начальник Л.Н. Ростовцев, комиссар В.С.Флягин, флаг-секретарь Н.К.Субботин и дивизионный врач О Я Граудин. Шестёрка с матросами дошла до форта «Серая лошадь». Четвёрка доставила спасшихся на берег занятый противником. Одному из и моряков удалось добраться до своих. С эсминца «Свобода» пришла одна шлюпка с шестью матросами.
Всего погибло 485 человек. С *«Гавриила»* спаслось 19 человек. Со *«Свободы» шесть* . С «Константина» никто не спасся.
Часть экипажа на шлюпках достигла берега занятого белыми и краснофлотцы были расстреляны.
Среди погибших на эсминце «Гавриил» трюмный механик старший гардемарин Николай Павлович Ивачёв.
Тела погибших несколько дней выносило на советский берег. Они были похоронены в братской могиле на форту *Краснофлотском*. Из командного состава трёх кораблей никто не спасся. Сколько вынесло волнами на берег занятый белыми, не известно.
В посёлке *«Красная горка»* на высоком берегу Финского залива был поставлен скромный гранитный обелиск. На белой мраморной плите вставленной в основание памятника надпись золотыми буквами: *«Погибшим военным морякам эскадренных миноносцев «Гавриил» «Константин» и «Свобода» 31 октября 1919 года.*

По официальным документам Николай Ивачёв считается холостым, но родственники утверждают: у него была жена Юлия Филипповна Забелина.

Мать Николая Ивачёва Анна Аполлоновна в советское время жила в Ленинграде и как жена погибшего краснофлотца получала государственную пенсию.
Анна Аполлоновна Ивачёва, урождённая Лашкова, умерла в 1938 году, пережив мужа Павла Андреевича на 28 лет.

Среди спасшихся с эсминца *«Гавриила»* был старшина машинист В.И. Цыганков. Сохранилась часть записанной с ним беседы: *«...когда услышал сильный взрыв, я вышел на палубу...Эсминец кренился на левый борт. Мины заграждения срывались с мест и перекатывались...По правому борту шла «шестёрка»* (шлюпка)*, которой мы кричали пристать. Когда потом мы отвалили, произошёл взрыв на «Константине» Очень сильный. Вся палуба была как бы в огне... «Гавриил кренился.... Под конец разломился на две части.»*

Со стороны англичан, примкнувших к белогвардейским воинским частям и действовавшим против Советской России велась, необъявленная война. Красное командование отправило дивизион кораблей на минирование Копорского залива в тех местах, где появлялся английский флот. Выполнить эту задачу решили ночью, в тайне от противника и напоролись на минное поле. Другими словами залив уже был минирован. Кем минирован? Почему не была произведена предварительная разведка? Как могли посты наблюдения не заметить постановку мин? Кто и когда их поставил? Споры на эту тему ведутся до сих пор.

Технические сведения «Гавриила» *Водоизмещение 1260 тонн, длина 98 м. ширина 9,3 м. осадка 3 м. Мощность двигателей 30 000 л.с. Дальность плавания 2800 миль. Скорость 34 узла...Вооружение четыре 102-мм орудия и одно 40 мм орудие. 2 пулемёта, 3 трёхтрубных торпедных аппарата. Эсминец имел на борту 80 мин для заграждения. Экипаж 150 человек.*

Примечание: В советское время о не объявленной войне Англии выступавшей на стороне Белой армии против Советской республики, предпочитали помалкивать или обходиться одним общим словом **интервенция**. На Балтике со стороны Англии участвовали:
1 –Авианосец, 12 – лёгких крейсеров, 1 – монитор с 15-дюймовыми орудиями, 26 эсминцев, 4 – канонерские лодки, 7 – минных заградителей, 23 тральщика, 10 торпедных катеров, 12 – подводных лодок, 35 вспомогательных судов. Солидный флот. И около ста самолётов.
Базами английской эскадры на Балтике были Гельсингфорс (Хельсинки в Финляндии) и Ревель (Таллин в Эстонии). Владычица морей подготовилась к этой оккупации основательно. Все корабли английской эскадры были новейшей конструкций и недавней постройки (1915-17 гг.)
Со стороны Советской республики английской эскадре противостояло достаточно: военных кораблей. Но со многих не менее грозных кораблей распропагандированные большевиками матросы сошли на сушу делать революцию, под которой многие понимали грабёж, пьянство и насилие над мирным населением. Расправившись со своим морскими офицерами пьяные матросы принялись за сухопутных. Для этой дикой расправы достаточно было нацепить красную повязку и на пояс нацепить маузер.
Тем временем на кораблях Балтики не оставалось достаточно экипажа, что бы просто выйти в море, для отпора английской эскадре, угрожавшей Петрограду и начавшей обстреливать побережье и даже Кронштадт. Красным новоиспечённым морским командармам с большим трудом удалось собрать корабли в ДОТ (действующий отряд Балтийского флота, остальные были не действующими) 1 – линкор, 1 – броненосец, 1 – лёгкий крейсер, 12 – эсминцев, 2 – минных заградителя, 8 – тральщиков, 6 сторожевых кораблей, 4 подлодки и 25 самолётов.
На всех кораблях экипаж был не укомплектован. Не хватало командного состава. На эсминце *«Гавриил»* в наличии была только половина экипажа. На остальных кораблях ДОТа не лучше.
Хлебнув долгожданной свободы и убедившись в революционной безнаказанности, матросы предпочитали на корабли не возвращаться. Старожилы Васильевского острова рассказывали: *Каждую ночь ломились с обысками. На одной из линий Васильевского острова был тупик. Каждую ночь туда водили на расстрел. Утром там толпились родственники, искали своих. Многие годы спустя, в этот тупик ночами приносили цветы.*

Ставили свечи. Власти пытались навести порядок. Наконец вход в тупик перекрыли надёжной решёткой, не помогло. Тогда тупик замуровали.

Маргарита Павловна
1886 г рождения. Училась вместе с младшей сестрой Марией в Томской Мариинской гимназии. Закон Божий в этой гимназии вёл священник Аполлон Лашков. Для Маргариты и Марии он приходился дедушкой. Он и помог внучкам поступить в эту престижную гимназию и получить места в пансионе. Обучение в гимназии было платное. Когда Павел Андреевич Ивачёв получил назначение главным мастером Петергофской гранильной фабрики и семья засобиралась выехать в Петербург, Маргариту и Марию решили оставить в Томске. Сёстры продолжили учёбу в этой гимназии, а на лето оставались у тётки Людмилы в Томске или приезжали к родителям в Петергоф. Остаться в Петергофе они не могли. Казённая квартира главного мастера была тесной и не могла вместить большое семейство.

Законоучитель в Мариинской женской гимназии священник Аполлон Лашков. Его дочь Анна Аполлоновна замужем за Павлом Андреевичем Ивачёвым. Старшие девочки из этой семьи Ивачёвых Маргарита и Мария учились в этой гимназии и жили в пансионе. Во время учения в Томской Мариинской гимназии Маргарита занималась музыкой, играла на фортепиано.

Примечание:
В 1864 году в Томске для женской гимназии было приобретено здание на углу Приютно-Духовского переулка и Духовской улицы на пожертвованные Андреем Поповым 85 тысяч рублей серебром для благотворительных целей. Деньги были помещены в банк и лежали там пока годовые проценты возросли до суммы необходимой для содержания гимназии. С доброго примера при Александре I в добровольные обязанности русских императриц входило попечение о женском образовании в России. Томская женская гимназия названа в честь императрицы Марии Александровны (супруги императора Александра II) после её разрешения и названа Мариинской.
1 сентября 1863 года состоялось торжественное открытие Томской Мариинской женской гимназии с участием 40 девиц поступающих в гимназию. В 1865 году возникла необходимость открыть при гимназии пансион для небогатых иногородних девиц.
Старшим членом попечительского совета был назначен действительный статский советник и камергер Иван Дмитриевич Асташев, выборным членом совета-колыванский купец I гильдии Пётр Васильевич Михайлов. Начальницей гимназии стала Елизавета Фризель, на должности преподавателей приняли: учителя русской словесности Михаила Соловьёва, учительницей словесности и арифметики Евлампия Акулова и географии-Агнию Дягилеву. Уроки биологии проводил Григорий Николаевич Потанин позднее, ставший известным сибирским учёным. Священник Вакх Гурьев пожертвовал 250 чучел птиц привезенных им с Алтая.
Была собрана хорошая библиотека и учебные пособия по различным предметам.
По мнению современников: *«Это было единственное местное учебное заведение дающее средства женщине без больших издержек стать на дорогу, которая одна только может довести до уровня общеевропейской цивилизации»*
В октябре 1877 года в семи классах гимназии, в трёх параллельных и в специальном восьмом занималось уже 317 учениц.
В 1868 году гимназию посетил Великий князь Владимир Александрович. В 1873 году его младший брат Алексей Александрович. К портрету императрицы Марии Александровны добавился портрет Великого князя Владимира Александровича с его дарственной надписью.
В гимназии был подготовительный класс, готовивший девочек для поступления в первый класс гимназии. В первый класс принимали детей не младше 8 лет. Для поступления в гимназию необходимо было сдать экзамен.
Для этого надо было знать наизусть основные молитвы, уметь читать и писать по-русски. И в пределах 100 производить четыре действия арифметики.
При гимназии был пансион. 1 января 1893 года в нём проживали 30 учениц. В пансион принимались девочки всех сословий. Арендовали часть здания Духовного училища, которое располагалось напротив гимназии в Приюто-Духовском переулке, В это помещение были переведены 130 учениц четырех классов.
Для преподавания истории и географии был назначен учитель мужской гимназии Николай Николаевич Баранский. Уроки рисование проводил художник Александр Моко. У него была художественная студия. Он устраивал свои персональные выставки картин, написанные акварелью, маслом и карандашные рисунки.

В Мариинской гимназии была своя домовая церковь. Все гимназистки носили коричневые платья и чёрные шляпки со значком на котором были буквы соответствующие наименованию гимназии ТМЖГ. Преподаватели ходили в тёмно синих мундирах. Девочек обучали бальным танцам. На бал приглашали юношей из губернской гимназии и реального училища.

На сцене в гимназии ставились спектакли. У одной из участниц этих спектаклей обнаружилось удивительное дарование. Варенька Массалитинова*, дочь томского купца. поражала зрителей исполнением своих ролей. Впоследствии Варвара Осиповна Массалитинова стала известной русской актрисой, (играла в пьесах А.Н.Островского, снималась в кинофильмах «Гроза», «Детство», «В людях». В 1941 году ей была присуждена Сталинская премия).

По окончании гимназии выпускной класс фотографировался вместе со своими преподавателями. В 1903 году в гимназии учились дети мещан, дворян, чиновников, купцов и крестьян.
 После 1905 года стали принимать детей рабочих
 Проживание в пансионе было доступно не всем желающим. Полная плата была 250 рублей, за полупансион платили 200 рублей. У преподавателей была не высокая зарплата, но многие стремились попасть в это престижное учебное заведение.
 В апреле 1896 года состоялась закладка фундамента пристройки Томской Женской гимназии. 7 октября 1897 года выстроенное здание было передано Попечительскому совету.

Священник Аполлон Лашков Много лет он был законоучителем в Томской Мариинской женской гимназии. Как священнослужитель он был известен среди прихожан своими проповедями и аскетической жизнью во имя Христа. С 1834 года алтайские земли отошли к Томской епархии. Протоиерей Лашков бывал на алтайской земле по долгу службы и в Колывани посещал своих родных и близких. Скончался он в 1909 году на 69 году жизни. На его кончину отозвались многие, близко знавшие и ценившие его, как верного слугу Господа нашего.

Воспоминания священника Ивана Алексеевича Ливанова о Лашкове, о человеке и педагоге: «*Смерть и похороны законоучителя Томской Мариинской женской гимназии Лашкова*». «*Памяти отца протоиерея Аполлона Александровича Лашкова*» Томск. Типография «Приюта и дома Трудолюбия» 1909 г. 24страницы.

О судьбе протоиерея Аполлона Лашкова, доживи он до Ленинского переворота, можно только догадываться, зная о судьбе священнослужителей Томска и Томской губернии поголовно уничтоженных большевиками.

Примечание:
Епископ Тарасий в быту Ливанов Иван Алексеевич, родился 18.05.1877 село Вознесенское в Томском уезде Томской губернии. Из семьи потомственных священнослужителей. Его отец протоиерей Алексей Леонтьевич Ливанов и три брата отца были священнослужителями в Томской обл. Родные братья Епископа Тарасия : Иннокентий (архимандрит Иосиф) расстрелян в 1937 году.
Протоиерей Алексей расстрелян в 1933 году.
Протоиерей Андрей расстрелян, Иерей Константин расстрелян, иерей Василий расстрелян.
Были расстреляны двое детей Епископа Тарасия Алексей и Александр.
Всего в родне Епископа Тарасия было расстреляно 18 человек.
31 января 1933 года очередной арест Епископа Тарасия Ливанова, как одного из руководителей контрреволюционной повстанческой организации. Ст 58-10 58-11 УК РСФСР.
К/р. организация охватывала 123 населённых пункта Барнаульского округа и Ойротской автономной области. В качестве обвиняемых привлечено к делу 785 человек. Епископ Тарасий (Ливанов) был приговорен к высшей мере наказания: расстрел. 11 апреля 1933 года приговор приведен к исполнению.
Старожилы Томска рассказывали, что с приходом советской власти были ограблены все церкви и монастыри, и уничтожены все священнослужители.

Среди предков священника Аполлона Лашкова несколько священнослужителей.

6 февраля 1857 года священник Евгений Исаакович Тюменцев венчал Фёдора Михайловича Достоевского и Марию Дмитриевну Исаеву в Одигитриевской церкви города Кузнецка Томской губернии. В этом обряде принимали участие **дьякон *Пётр Лашков*** и пономарь Иван Слободской. Одигитриевская церковь была построена в 1780 году. Имела два алтаря. Верхний алтарь посвящался Смоленской Божьей Матери. Нижний, зимний, где венчался Достоевский, посвящался Георгию Победоносцу. Церковь сгорела во время Гражданской войны. В конце 20-х годов её каменный остов был разобран при строительстве Нового Кузнецка. Вначале 20-х годов на Томском базаре среди обёрточной бумаги разграбленного архива Томской Духовной Консистории было обнаружено свидетельство о венчании Достоевского. В журнале «**Сибирская жизнь**» № 20 от 19 октября 1904 года имеется фотография с видом Одигитриевской церкви.
Священник Евгений Тюменцев, выпускник Тобольской Духовной семинарии, был погребён в ограде Кузнецкой Одигитриевской Церкви, где предположительно похоронен и *о.Пётр Лашков умерший в 1913 году*.

В Томске Маргарита училась играть на фортепиано. Приехав к родителям в Петергоф она подала документы в Петербургскую консерваторию была на приёмных испытаниях.
10 сентября 1903 г. получен ответ.

Императорское русское Музыкальное Общество.
Петербургское отделение. Консерватория.
Свидетельство
Дано сие Коллежскому Советнику
Павлу Андреевичу Ивачёву, для представления в Департамент Уделов
в удостоверение того, что дочь его Маргарита в текущем Сентябре месяце
выдержала приёмные испытания по классу игры на фортепиано и принята
в число своекошных учениц Консерватории с платою за её обучение по
двести рублей за учебный год.
Подписи:
Инспектор Консерватории

После 1917 года в советское время сёстры жили в Ленинграде:

Татьяна Павловна
1893 г. рождения, с юных лет рисовала и подавала большие надежды. Когда родители переехали в Петергоф она стала учиться в Петербургской «*Школе рисования Поощрения художеств**». По воспоминаниям родственников она выходила замуж за Евгения Шумилова сына известного в Петергофе Ф.А.Шумилова занимавшего руководящие посты в страховом обществе «*Саламандра*». После революции и во время Гражданской войны брат Аполлон Павлович Ивачёв однажды встретился с сестрой Татьяной в Херсоне. По его воспоминаниям она была с мужем Евгением Шумиловым, который служил в лётных частях. В 1919 году Е.Шумилов погиб. Татьяна вернулась в Петроград, переименованный к тому времени в Ленинград, где оставались её мать и сёстры: Маргарита, Мария и Александра.

Мать **Анна Аполлоновна Ивачёва** рождённая Лашкова умерла в 1938 году.
Во время Великой Отечественной войны, сёстрам Маргарите, Марии и Татьяне, посчастливилось до блокады эвакуироваться из Ленинграда в тыл страны. С ними был единственный чемодан. Один на троих. По дороге, во время пересадки у них чемодан украли со всем ценным, что они имели с собой. В эвакуации они жили где-то в деревне за Волгой и сильно бедствовали. За серьги и кольца выменяли себе коровёнку. Имели молоко. Тем и выжили. После снятия блокады сёстры вернулись в Ленинград. Жили на Васильевском Острове. Встречались с Лашковыми. По воспоминаниям Лидии Андреевны

Лашковой, три сестры жили в коммунальной квартире. Все трое были не замужем. Ютились они в одной тесной комнате. Детей у них не было.

В 50-60-х годах:
Маргарита Павловна и Татьяна Павловна жили на Васильевском острове Съездовская линия дом №17. Маргарита в кв. №12. **Татьяна Павловна** в кв.№ 9. (кв. Это не квартира, в нашем понимании, а комната в коммуналке)

Фото: Мария Павловна Крестным отцом её был Василий Константинович Серков. Она была замужем. Муж Веспе Юрий Владимирович. Жила она в Ленинграде на Васильевском острове, Средний проспект дом 33 кв. 26.
Мария Павловна умерла 31 августа 1961 года. Муж умер в 1967 году. Мария переписывалась с дочерью своего крестного отца, Серковой Марией Васильевной (об этом ниже).

Татьяна Павловна Последние годы своей жизни жила на Васильевском острове, Съездовская линия д.17, кв.9. Она была замужем за Е.Ф. Шумиловым*. Вторым браком Татьяна была за В.Г. Поповым. Он умер в 1929 году. Дважды овдовевшая *Татьяна Павловна, умерла 10 января 1972 года.*

Маргарита Павловна выпускница Петербургской консерватории, *умерла 1 марта 1966 года.*
Примечание: *По сведениям Кирилла Владимировича и Лидии Андреевны Лашковых, в 50-е годы все три сёстры ютились в одной комнате коммунальной квартиры. Позднее им были улучшены жилищные условия. Маргарита и Таня продолжали жить в доме 17 имели две комнаты. Маргарита жила в комнате № 12. Татьяна в комнате № 9. А Мария Павловна переселилась на Средний проспект.*

Сёстры Маргарита и Мария похоронены на **Серафимовском кладбище.**
Кладбище находится в черте города, оно считается мемориальным. Могила Ивачёвых на 5 участке. **Татьяна,** по всей вероятности, была кремирована и подхоронена к могиле сестёр *Александра Ивачёва* умерла в 1919 году в возрасте 16 лет. Сведений о её жизни не сохранилось. Место погребения не установлено.

Примечание:
Отец Евгения Шумилова Филипп Алексеевич Шумилов, статский советник в 1915 году жил в Петергофе в собственном доме на улице Александровская 12. Дом сохранился.
Судьба советника Филиппа Алексеевича Шумилова после свершившейся революции не известна. В справочниках на 1920 год имя Ф.А. Шумилова уже отсутствует.
До 1917 года в Петергофе работало 6 кинематографов. Это были небольшие кинематографы на 30-50 зрителей. Первый кинематограф был в доме Шумилова на Петергофской улице. Кроме кинематографа помещения в доме Шумилова арендовали: магазин Зингера, и кондитерская Феньяра.

Аполлон Павлович Ивачёв, (родился 1 марта 1898 года)
(Сохранилась черновая запись беседы Кирилла Владимировича Лашкова с Аполлоном Павловичем Ивачёвым. Запись схематичная. Имена участников Гражданской войны даны не полностью, в сокращении. Или только инициалы)
Учился в Петергофской гимназии. В составе хора гимназии выезжал на экскурсии. Побывал в Киеве, в Москве. Гимназию окончил в 1915 году
Поступил в Петроградское Михайловское артиллерийское училище на ул. Чайковского. Здание сохранилось. Из училища был направлен на Юго-Западный фронт. Служил в воинской части, которой командовал Зайончковский* (военный историк). Румынский фронт. 1917 год. Февральская революция. Был избран в полковой комитет. Солдаты

выступили на стороне большевиков. Воинская часть была расформирована. Офицеры покинули часть. Обошлось без эксцессов.
Отправился в Херсон, где в то время жила сестра Татьяна Павловна, замужем за лётчиком Евгением Шумиловым. Встретились.
В Екатеринодаре всретился с Серг.Ш., который руководил подготовкой артиллерийских кадров резервной артиллерии 25 дивизии генерала Эггерта.
Перебрался на Кубань в Добровольческую армию. Служил на бронепоезде «Генерал Анисимов». Во время боёв с Красными бронепоезд был разбит. Ивачёв был ранен, лечился в госпитале Армавира. Попал в окружение. Был захвачен 7-й кав. дивизией. Ранен. В составе этой дивизии Ивачёв совершил переход в Закавказье. Заболел малярией. Попал в госпиталь. После длительного лечения был направлен в ремонтные артиллерийские мастерские. После окончания Гражданской войны учился на курсах усовершенствования командного состава.
В конце 20-х годов поступил в артиллерийскую академию. Там он встретил сослуживца по 7-ой кав. дивизии, который донёс на него, как на бывшего белого офицера.
Ивачёв из академии был отчислен. Продолжил служить в артиллерийском полку в центре России. Пережил 37-ой год. Избежал ареста. Служил в Батуми. Благодаря поддержке однополчанина Бессонова переведен в Ленинград.
Участвовал в войне с белофиннами. Был артиллерийским наблюдателем, корректировал стрельбу орудий с воздуха. Выполнял приказ по подавлению командных пунктов белофиннов, артиллерией большого калибра.
В зимних условиях, 13 раз поднимался на аэростате* для корректировки стрельбы орудий тяжелого калибра. За успешное выполнение этого задания был представлен к званию Героя Советского Союза. Но награжден был только Орденом Боевого Красного Знамени.
Во время Отечественной войны вёл занятия в Артиллерийском училище в Ленинграде. Готовил кадры артиллеристов и выезжал с курсантами на фронт для стажировки.

Примечания: Зайончковский* Андрей Медардович (1862-1926) военный историк. В первую Мировую войну командовал дивизией, корпусом, армией. С 1919 г. в Красной Армии. В 1922-26 гг.профессор, в Военной Академии им. М.В. Фрунзе. Труды по истории.

На аэростате* Корректировка артиллерийской стрельбы с Аэростата не такое простое дело как может показаться. По неподвижному аэростату, который на виду у всех, ведётся огонь из разных огневых средств из винтовок и орудий. Аэростат лёгкая мишень для самолётов противника. Надо ещё добавить что война велась в зимнее время корректировщики были не защищен от холода. Корректировка артобстрела велась до поражения цели. Для этого нужно было время . Связь велась по рации. Без приказа с земли аэростат не мог покинуть своей позиции. Ивачёв 13 раз рисковал своей жизнью, поднимался в воздух на аэростате для выполнения этого задания командования. В результате его корректировки была пробита брешь в линии Маннергейма, Понятно почему А.П.Ивачёв был представлен к Герою Советского Союза и можно только догадываться на каком военном или партийно-советском уровне вычеркнули его имя из списка Героев.

На фотографии: *полковник Аполлон Павлович. Орден Ленина, три ордена Боевого Красного Знамени и орден Красной Заезды.*

Аполлон Павлович Ивачёв прослужил в армии 34 года. В отставке с 1953 года. Жил он с семьёй на проспекте Наук д.29. кв. 40. в тесной коммунальной квартире. Жена часто попрекала, мужа что он, имея такие заслуги перед Отечеством не может добиться отдельной квартиры. Она умерла первой в 1985 году. Осталась одна дочь-падчерица, связь с которой, после смерти Аполлона Павловича, была потеряна.

Кирилл Владимирович Лашков посещал своего родственника Аполлона Павловича Ивачёва. Им было что вспомнить. В бумагах Кирилла Владимировича сохранились черновые записи бесед.
30 апреля 1986 года через год после смерти жены, скончался Аполлон Павлович Ивачёв участник четырёх войн имеющий *награды*: орден Ленина, три ордена Боевого Красного Знамени и орден Красной Звезды.
Лашков Кирилл Владимирович был на похоронах своего родственника и друга. Прах Аполлона Павловича Лашкова находится в *Колумбарии посёлка Рощино*.

В Петергофской гимназии, где учился Аполлон Ивачёв имя его известно в числе знаменитых выпускников Петергофской гимназии, награждённых орденом Ленина:
«Аполлон Павлович Ивачёв-полковник Советской армии, кавалер многих орденов, включая орден Ленина. Выпускник 1915 года»
О судьбе краснофлотца Николая Павловича Ивачёва в Петергофской гимназии, носившей когда-то имя императора Александра II, не ведают.

Примечание:
Петергоф, Петергофская гранильная фабрика. Из-за близости к столице империи была в годы революции и Гражданской войны в полосе кровопролитных боёв. Пострадали царские дворцы и здания принадлежащие высокопоставленным царским чиновникам. Но Гранильная фабрика пережила варварскую Гражданскую бойню во время которой обесценились не только произведения искусства, но и жизнь человеческая ни чего не стоила.

В каком виде был Петергоф и Гранильная фабрика после окончания Гражданской войны мы узнаём из воспоминаний Александра Евгеньевича Ферсмана, одного из основоположников геохимии, академика АН СССР (1925) и ученика академика В.И. Вернадского.
В 1922 году А.Е Ферсман (1883-1945) минералог, академик Российской академии наук (звание академика ему было присвоено в 1919 году) посетил Петергоф. Знаток драгоценных и поделочных камней не мог пройти мимо Гранильной фабрики:
«Фабрика живописно расположена в 1,5 верстах от станции «старый Петергоф», живописно прислонившись к склону береговой террасы, всего лишь в 100 саженях от берега Финского залива. Густой парк скрывает здание, а раскидистые дубы украшают небольшую лужайку перед самым зданием, расположенным сейчас же на конце Нижнего сада у Оренбаумского шоссе. Кроме самого здания – прекрасного трёхэтажного корпуса с небольшой пристройкою, фабрике принадлежит ещё ряд владений: у берега моря так называемый, запасной двор с полуразвалившимися сараями, хранящими ещё сейчас ценный материал. Красиво расположенная Директорская дача, ныне занятая служащими и, наконец, длинный ряд довольно изящных деревянных домов-дач, вытянутых вдоль Фабричной улицы и водного канала. Здесь живёт большинство мастеров и лиц администрации. (*в одном из этих домов на улице Фабричной под № 3 в 1902 году поселился главный мастер Гранильной фабрики П.А.Ивачёв со своей семьёй. НД).*
Кроме указанного выше, сама фабрика прислонена к выступу берега, то-есть при продвижении от станции вдоль Фабричной улицы, мало видна. На краю уступа над нею высится водонапорная башня, которая регулирует истечение воды из небольшого цементного бассейна через ряд вспомогательных пристроек по каналу в турбину фабрики».

Во время войны. Немецко-фашистские войска рвались в Ленинград. Они захватили южное побережье Финского залива на участке от Старого Петергофа до Лигово. Артиллерия начала обстреливать улицы Ленинграда и Кронштадт.
На пути захватчиков стоял Петергоф ставший местом кровавых боёв.
16 сентября 1941 года немецкие войска группы войск «Север» прорвались от «Красного села» к побережью Финского залива, отрезав город Ораниенбаум и оборонявшую его 8-ю армию от Ленинграда. 17 сентября была захвачена «Стрельна», 23 сентября – Петергоф. Создалась угроза Кронштадту. Прибывший из ставки Главного командования генерал армии Г.К.Жуков приказал войскам 8-ой и 42-ой армии перейти в наступление, разбить группировку врага и деблокировать Ораниенбаумский плацдарм. В помощь этим двум армиям была запланирована ещё и высадка двух морских десантов в районе «Стрельны» и в «Нижнем парке» Петергофа. На десанты возлагалась задача рассечь клин немецких войск. Отвлечь внимание врага на себя и ударом врага с тыла. В морской десант отобрали моряков с линкора «Марат», «Октябрьская революция», с крейсера «Киров», с учебного отряда и с воинских частей находящихся в Кронштадте. Командиром отряда был назначен полковник Ворожилов, комиссаром Петрухин.
Отряд кораблей десантников состоял из пяти «морских охотников», 25 катеров и шести шлюпок. На рассвете 5 октября кронштадские десантники подошли к берегу.
Высаживались от «Нижнего парка» и «Гранильной фабрики» до «Александрии» В самом начале высадки командир Петрухин погиб.
Даже теперь, спустя годы, когда всё пережито и результаты войны известны, страшно вчитываться в эти события происходящие на нашей земле, на территории Петергофа, где мирно жили и трудились советские люди не помышляя о войне. По приказу генерала Жукова, главный охватывающий удар из района «Английского пруда» и церкви Петра и Павла наносила 11-я стрелковая дивизия, усиленная танковым полком. Вспомогательный фронтовой удар с рубежа «Троицкого ручья» на «Гранильную фабрику» и «Большой дворец» наносила 10-я стрелковая дивизия, усиленная Латышским стрелковым полком и двумя батальонами морской пехоты. С юга действия этих дивизий обеспечивала 191-я стрелковая дивизия наступлением на «Егерскую слободу» и далее вдоль железной дороги на восток. Всего к операции на участке 8-ой армии привлекалось три стрелковых дивизии и танковый полк. Фактически за этими громкими названиями было около 3 тысяч штыков, 500 моряков-десантников, 28 танков, из которых пятьТ-34 и КВ-2 остальные танки были так называемые лёгкие и устаревших конструкций.
Советским войскам противостояла 291-ая пехотная дивизия 18-ой армии вермахта. По численности она уступала наступающей 8-ой армии. Но противник успел за три недели подготовить сильную оборону на глубину до двух километров, состоящую из огневых точек, траншей, окопов, прикрытых минными полями и даже проволочными заграждениями.
5 октября в 5 часов утра после короткого артналёта части 8-ой армии, не имея достаточного количества артиллерии и боеприпасов, двинулись на штурм немецкой обороны.
Тяжело вчитываться в последующий ход событий. На одиннадцатый день войны 8-ой армии вклинились в оборону противника южнее Ораниенбаумского шоссе, овладели *«Гранильной фабрикой»* и были на ближних подступах к *«Нижнему парку»*.
Одновременно на рассвете 5 октября катерами Балтийского флота были высажены *«Петергофский десант»* и *«Стрельнинский десант»*. Краснофлотцы под огнём противника сделали проходы в проволочном заграждении и через минное поле развернули наступление на *«Нижний парк»*. Им удалось отбить *«Эрмитаж»*, *«Марли»*, и *«Монплезир»*. Немецкие самолёты наносили бомбовые удары. Против моряков у «Большого дворца» появились танки. Бой шёл возле фонтана *«Самсон»*. Моряки оборонялись. Корабли не смогли доставить десантникам боеприпасы. Моряки оставшиеся

без боеприпасов отбивались врукопашную. *«Петергофский десант»* к 7 октября погиб в полном составе.

«Стрельнинские» десантники с большими потерями пробились обратно. Танковый полк погиб полностью. 7 октября командующий Ленинградским фронтом Федюнинский отдал приказ о прекращении операции.

Спустя годы, во время работ по очистке *«Нижнего парка»* нашли алюминиевую фляжку. В ней записка: *«Люди Русская земля Любимый флот умираем но не сдаёмся патронов нет Убит комиссар Петрухин дерёмся вторые сутки командую я Патронов!Гранат! прощайте братишки! 7 окт. В Фёдоров»*

Вторая записка была короткой: *«Живые пойте о нас. Мишка»* Предполагают, что вторую записку написал политрук М.Рубинштейн. Для матросов он был: *свой парень Мишка*.

В *«Нижнем парке»* Петергофа на месте боёв установлен памятник. На нём надпись: *«Здесь в ночь с 4 по 5 октября 1941 года, на оккупированной фашистами территории, произошла высадка десанта Краснознамённого Балтийского флота, принявшего неравный бой с врагом. **Вечная память героям»**.*

Перед памятником – могила неизвестного моряка из Кронштадского десанта. На гранитной плите надпись: *«Неизвестный моряк-балтиец. Герой Кронштадтского десанта. Октябрь 1941 года».*

Старшее поколение советских людей помнят кинофильм *«Два бойца»*. Боевые действия показанные в кино были на территории Петергофа.

Сохранился Рапорт протоиерея Николая Ломакина Митрополиту Алексию, из которого мы узнаём, что увидели люди 1 сентября 1944 года, при освобождении Петергофа и какие до Отечественной войны в Петергофе были храмы:

1. Знаменской иконы Божьей Матери церковь в Верхнем Петергофе, у Гранильной фабрики, однопрестольная, постройки 1776 года
2. Кладбищенская церковь Святой Троицы, построена в 1870 году Трёхпрестольная каменная, и приписанная к ней Лазаревская, малая церковь деревянная, построенная в 1852 году.
3. Храм-музей Серафимовского монастыря.
4. Церковь-музей при собственной даче бывшей императрицы Марии Фёдоровны.
5. Храм при военном кладбище.

Приведём краткие выдержки:

«23 сентября 1941 года город Новый Петергоф был оккупирован немецкими захватчиками... Уничтожены все старо-петергофские церкви... Вместе с храмами погибли молившиеся старики, женщины и дети...Гибель верующих под сводами Троицкой кладбищенской церкви и в склепах кладбища, а так же в подвалах-убежищах других названных храмов. Уничтожение артобстрелом самого кладбища с его могилами, потрясает ужасом». Благочинный протоиерей Николай Ломакин

В 70-е годы Н.Дубовицкий (внук Григория Львовича Ивачёва) с семьёй был по туристической путёвке по маршруту Ленинград-Петергоф-Таллин и обратно.

В Петергофе туристов поселили во Дворце фрейлин. На завтраки и ужины туристы ходили мимо статуи *«Самсона»* и великолепной Церкви Петра и Павла. С той поры помнятся многие названия и достопримечательности. Но посещения Гранильной фабрики в плане экскурсии не значилось. Семипалатинские Ивачёвы тогда не знали, что Петергофская Гранильная фабрика может иметь какое-то отношение к фамилии Ивачёвых. В те годы всё внимание было сосредоточено на Колывани.

В Эрмитаже как всегда побывали и по традиции постояли у Колыванской вазы. Но кто мог тогда предположить, что имя нашего славного предка Павла Андреевича Ивачёва связано ещё и с Петергофской гранильной фабрикой.

***

9/. Семипалатинские Ивачёвы

Григорий Львович сын Ивачёва Льва Андреевича и племянник для Павла Андреевича Ивачёва. **Пелагея Григорьевна и её предок Герасим Зырянов.** Зыряновский рудник. Семипалатинск. Дом в одном ряду с Крепостными воротами. Река Иртыш. Казачья церковь. Большая семья. 10 детей:

Иван Григорьевич. Художник и мастер на все руки. Участник двух войн 1914 и 1941гг.
Александр Григорьевич. В 1941 ушёл на фронт и пропал без вести. Жена Зоя. Двое детей.
Анатолий Григорьевич. Бухгалтер-экономист. Его пребывание в Магадане.
Виктор Григорьевич. В 1930 был репрессирован. Отсидел два года. Выпустили.
В 1941 призван на фронт. После войны жил в Москве. Жена Нина. Двое детей Володя и Оля, внук Олег.
Валентина Григорьевна в замужестве Христофорова. Медицинская сестра. В 1941 году записалась добровольцем на войну. Была в действующей армии на Дальнем Востоке. Дочь Людмила. От первого брака сын Владимир Христофоров. Писатель.
Антонина Григорьевна в замужестве Тузова. Двое детей. Старший сына был лётчиком погиб в 1942 защищая Москву. Второй сын отстал от воинского эшелона. И его расстреляли как дезертира.
Мария Григорьевна в замужестве Гугенотова. Замужем за бывшим царским офицером. Жили в страхе в ожидали ареста, поэтому детей заводить не стали. Жили в Алма-Ате.
Зинаида Григорьевна в замужестве Шведова. Часто меняли место жительства Одно время жили в Магадане, позднее в Мирном. Двое детей.
Надежда Григорьевна в замужестве Никольская. Муж бывший царский офицер. Участник войны 1914 года. После войны стал священником. НКВД. Отказался нарушить тайну исповеди. Арестован. После войны в Симферополе. Трое детей. Вера и Галя художники. Николай занимался художественной фотографией. Молодое поколение Веры и Николая все рисуют. Лиля и Василий учатся в Художественном училище имени Самокиша.
Анфия Григорьевна (см. гл. 13)

В конце XIX века мой дед (по материнской линии. НД) Григорий Львович Ивачёв техник-чертёжник горного управления Зыряновского рудника с семьёй переехал в Семипалатинск.

В Барнауле он окончил Барнаульское Горное училище, в Семипалатинске работал чертёжником.

Город Семипалатинск стоял на торговых путях России с Китаем и стремительно расширялся за счёт нового строительства. Ивачёв чертил планы домов. Были заказы от купцов.
Довольные его работой Семипалатинские купцы предложили Ивачёву ссуду и он построил собственный дом из круглого отборного леса на каменном фундаменте под железной крышей, в одном ряду с городскими Крепостными воротами. Рядом река Иртыш, железнодорожный мост и Казачья церковь.
Жить на скромное жалованье чертёжника было не просто. Ивачёвы имели за городом огород. В тяжёлые времена держали корову, которую доила бабушка Пелагея Григорьевна, а дед освоил сапожное мастерство и шил всей семье обувь. Необходимый материал он по льготной цене покупал у знакомых купцов. Дрова дед заготавливал с сыновьями, в отведенных участках леса далеко за городом.

Фото Ивачёвых: Григорий Львович, Пелагея Григорьевна, дочь Анфия и сын Анатолий.

В семье было десять детей. *Старшие дети учились в гимназии, в советское время переименованной в школу Первой и Второй ступени.*

Все Ивачёвы играли на струнных инструментах, пели, рисовали. Профессиональным художником стал старший Иван, а у Александра был баритональный тенор. Анфия (моя мама) рисовала великолепные акварели. Дед классически играл на семиструнной гитаре. В первую мировую войну Иван Григорьевич был солдатом. Никто из братьев в революции не участвовал и на стороне белых не воевал. Возможно поэтому в 1931 году арестовали только одного Виктора и продержав его два года в тюрьме, еле живого выкинули за ворота.

В 1932 году заболел Григорий Львович. Был он крепкого телосложения до этого ни чем не болел. Положили его в больницу. Лекарств не было. Врач взялся оперировать. Дед не выдержал операции и скончался на операционном столе в возрасте 54 лет.

На фотографии Ивачёв Григорий Львович с сыновьями.
Сидят слева направо: Виктор, Григорий Львович, Александр
Стоят: Иван и Анатолий.

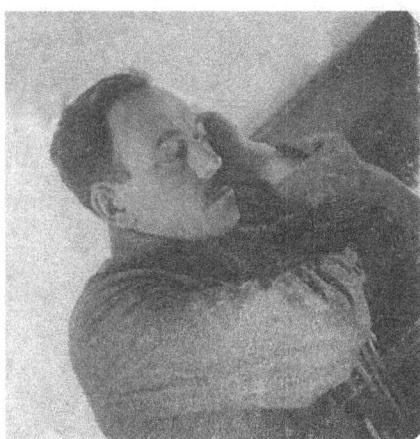

Иван Григорьевич Ивачёв
В семье он был «мастер на все руки» В молодости Ваня собирался поступать в Художественное училище, но началась война. Его призвали в армию Служил солдатом. По болезни был демобилизован, вернулся в Семипалатинск. Работал при музее художником. Много рисовал. Известна Серия его рисунков *Старого Семипалатинска*. В трудные годы делал копии с картин известных художников. Любимым его художником был Шишкин. До войны наша семья переехала в Уральск, но мы часто бывали в Семипалатинске. Любимым моим занятием было наблюдать как дядя Ваня делает подрамник, натягивает холст, и грунтует его.

И вот наступало самое главное. Дядя Ваня доставал краски и начинал их смешивать добиваясь нужного цвета, появлялось голубое небо, зелёные кроны сосен и желтоватые стволы и вот вся картина готова осталось нарисовать медведей. С той юной поры я знал что Шишкин рисовал только лес, а медведей ему нарисовал друг-художник. А наш дядя Ваня умел рисовать не только медведей. Он рисовал людей. Я хорошо помню как наши лётчицы полетели через тайгу на Дальний Восток и Марина Раскова выпрыгнула с парашютом. Её искали в тайге десять дней. Нашли и наградили золотой звездой Героя. Дядя Ваня взялся рисовать картину. Он ездил на острова. Искал непроходимый бурелом похожий на тайгу. Ему позировала младшая сестра Валентина. Получилась очень хорошая картина и её забрали на выставку. После войны когда мы некоторое время жили в Семипалатинске я слышал историю как дядя Ваня рисовал акына Джамбула. Я любил Джамбула. И с детского сада знал наизусть его стихи: *«Песня моя, ты лети по аулам. Слушайте степи акына Джамбула...».* «*Подрастай джигит казах, кызыл аскеры на часах, подрастай, джигитом будь, пред тобою славный путь...»*

Был юбилей Джамбула и дядя Ваня нарисовал его портрет с орденом Ленина. Картину забраковали и с выставки убрали. Начальство критиковало дядю Ваню, *Как ты посмел нацепить орден великого Ленина на халат! Почему Джамбул в халате?* Заставили дядю Ваню надеть на Джамбула пиджак. Дядя Ваня начал перерисовывать, *но тут другие пришли и сказали: Оставьте халат. Это национальная одежда, но цеплять орден Ленина на халат не положено.* Потом вроде бы разрешили, но выставка закончилась а недорисованный портрет Джамбула куда-то пропал.

В 1941 году отца направили на Военные сборы, мама взяла меня и маленького Гену и мы поехали в гости к бабушке в Семипалатинск. В доме на улице Герцена № 6 в то лето жила тётя Валя, дядя Ваня, на квартире в городе жил дядя Анатолий и дядя Александр. Мы часто встречались и было так весело, как никогда раньше. Но у бабушки были какие то приметы и она говорила: *«Будет война хуже чем германская»* и рассказывала о приметах которые были перед той германской войной.

Однажды в воскресенье дядя Александр собрал всех родных и пригласил нас с мамой в гости. Они жили на квартире. Его жену звали Зоя, у них было двое детей. Мальчик был мой двоюродный брат, а девочка сестрёнка Зои. Мама позднее часто рассказывала, как мы шли из гостей через весь город веселились и хохотали до слёз. А все идущие к нам навстречу плакали и хохотали ещё больше. Одна женщина подошла к нашей компании и сказал*: «Вы наверное не знаете. Началась война».*

Мы заспешили скорее к бабушке. Наутро продукты стали исчезать из магазинов. Мужчин повесткой вызывали на призывной пункт. Повестку получил дядя Александр. Дядя Ваня, тоже получил повестку, хотя он, участник той германской войны, призыву по возрасту не подлежал. Дядя Витя жил в другом городе. Дядя Анатолий повестку в тот месяц не получил.

Мама засобиралась в Уральск. Её отговаривали. Она настаивала на своём. Отца то же должны были призвать и мама спешила увидеть его перед отправкой на фронт. С большим трудом она взяла билеты на железнодорожном вокзале. Дядя Ваня на память подарил мне парусный кораблик. И мы поехали. В Семипалатинск мы приехали через Алма-Ату с одной пересадкой, теперь ехали в Уральск через Новосибирск и было несколько пересадок. В вокзалах полно народу, не протолкнуться. Комната *«Матери и ребёнка закрыта».* Спали мы где попало. Все железнодорожные пути забиты составами с эвакуированными едущими в тыл и военными эшелонами идущими на фронт. Подъезжали мы к Уральску в полной темноте. Говорят военная маскировка. По тёмному не освещённому городу добрались до улицы Почиталина № 30. Отца дома не было. Мама плакала и говорила его отправили на войну.

Александр Григорьевич Ивачёв

У дядя Александра были всесторонние наклонности: он рисовал, пел, играл на многих музыкальных инструментах. Музыкальные способности у него были восхитительные. В 20-е годы даже радио было редкостью. Из развлечений в Семипалатинске были заезжие артисты, театр и кино. Придут братья из театра и сразу к музыкальным инструментам и на слух подбирают мелодии. Любимой опереттой в семье была *Весёлая вдова* все арии из этой оперетты и дуэты Ивачёвы знали наизусть. Бывало летом откроют окна и начинается выступление. Прохожие останавливаются, восхищаются думают, что приехали артисты. Александр имел успех у женщин. Зоя его ревновала и однажды в ссоре даже выстрелила в него из браунинга, к счастью промахнулась. Дядя Александр ушёл на войну и скоро пришло извещение: *«Пропал без вести».*

Когда после войны я бывал у бабушки в Семипалатинске, то она всё ещё переживала за пропавшего без вести сына. Молилась за него. Делала запросы, писала письма. Искала однополчан. Однажды нашлись парни с того военного призыва, с которыми воевал её сын. Я присутствовал при этой встрече. Парни, их было двое, рассказали что после тяжёлого боя немцы преследовали остатки воинской части по пятам. Наши перешли речку по мосту. Командир приказал мост взорвать. Вызвался Ивачёв. Или его назначили. Командир дал ему в помощь двоих. Слышали взрыв. Но из подрывников в часть никто не вернулся.

Я видел Зою и её двоих детей. Они приходили к бабушке посмотреть на старшего сына Анфии. Зоя была очень красивой женщиной. Может быть я ошибаюсь, но возможно старшая девочка в семье была не её сестрёнкой, как нам детям объясняли, а её дочкой. Сына звали Борис. Много позднее когда я начал составлять семейную родословную, отыскал Зою. Мы обменялись письмами. По прежнему об Александре Григорьевиче Ивачёве ни каких сведений. И мало что Зоя смогла мне добавить к нашей родословной.

Анатолий Григорьевич Ивачёв

После тех дней, как мы перед войной, расстались с ним в Семипалатинске о дяде Анатолии долго не было вестей. Почему то о нём все молчали.

От мамы я знал что он был известным бухгалтером-экономистом. Его очень ценили на работе. Он был очень видный. Всегда красиво по современному одевался. Семьи у него не было. В 1956 году я побывал в Семипалатинске у бабушки. В то лето приехал в Семипалатинск дядя Анатолий. И как всегда в родительский дом. Он мне запомнился по довоенному времени добрым и весёлым. Он

меня любил и угощал шоколадом. Теперь он так изменился, что узнать его было трудно. Я думал что он был на войне. Оказывается он был в Магадане. По своей воле или был выслан, так я у взрослых и не узнал. А задавать такой вопрос не решился. Семьи он не имел. Нашлась одноклассница, которую он звал Шурка. Моя мама рассказывала мне, что она то же рисовала и они до войны, ездили вместе с ней на семинар *Художников самоучек»* в Алма-Ату.
Была большая фотография казахстанской группы художников самоучек. Человек 15-17. Впереди дядя Ваня. Неподалеку моя мама Анфия и в первом ряду Шурка.
В 1956 году она приходила к нам на улицу Герцена. Потом они с дядей Анатолием отправлялись в город и пили там знаменитое семипалатинское пиво.
Позднее, от всей семьи Ивачёвых в Семипалатинске остался один дядя Толя. Он много раз пытался передать родительский дом нашей маме, как наследнице. Собрал соответствующие документы от родственников. Но мама от наследства отказалась в его пользу. В Семипалатинске развернулось строительство хрущёвских домостроений. Для буйного размаха не хватало места. Под снос на улице Герцена попадали с одного конца дом предков с другого конца старинные Крепостные ворота-достопримечательность Семипалатинска. На долю дяди Толи выпало возможность перекатать дом на новое место. Но у родственников и у наследников на это не было средств. И тогда дядя Толя перенёс только часть дома. Получился маленький домик в два окошка. Когда дяди Толи не стало в живых, упросил я маму и её сестру Валентину съездить в Семипалатинск и встретиться с Шуркой, ставшей наследницей бумаг и альбомов Ивачёвых. Заранее настроил их не забирать, а **выкупить всё,** что осталось и я брался компенсировать все затраты. Шурка встретила их благосклонно, на что я и надеялся.
Но выполнить это поручение стареющие сёстры не смогли. И не сразу сообщили мне что приехали с пустыми руками.

Виктор Григорьевич Ивачёв

В молодости дядя Витя служил в кавалерии.
Действительную службу проходил на Украине и приехал в Семипалатинск с красивой молодой женой. Но ей Семипалатинск не понравился. Она сильно скучала по своему дому. А когда зимой в декабре и январе начались обычные семипалатинские морозы до 30 градусов, она не могла выходить на улицу. Плакала. Вначале лета уехала к себе на Украину и не вернулась. Вначале 30-х годов дядю Виктора арестовали и посадили. Отсидел он два года в тюрьме и вдруг пришло сообщение что его выпустили. То ли отсидел свой срок, то ли место понадобилось для очередного арестанта, выкинули его еле живого за ворота тюрьмы. Приехал он в Семипалатинск на поезде. Выбрался он из вагона, а идти уже не было сил. Его принесли домой на руках.

В 1941 году дядю Виктора призвали на войну. Но попал он не на Западный фронт. Его отправили на Кавказ. Там его воинская часть на границе с Турцией всю войну простояла в боевой готовности. После войны он приехал в Москву. У него была семья. Жили они в подвале. Жена Нина и дети Володя и Оля. После окончания медицинского института я разыскал их в Москве. Бывал у них один и со всей своей семьёй. В то время они жили в двухкомнатной хрущёбе, недалеко от Измайловского метро. Мы очень дружили. Переписывались. Часто останавливались у них когда ехали через Москву отдыхать на Чёрное море. Мы видели как им трудно приходиться жить, на малую зарплату и оставляли им в благодарность небольшую сумму денег и всегда к столу покупали продукты питания. Нина умерла первой. Потом умерла Оля. В советское время была такая кампания посылать патруль по городу для наведения общественного порядка. Какой пользы было ожидать от вчерашних школьников и от молоденьких девушек против хулиганов и отъявленных бандитов, если против них была бессильна вооружённая милиция. А Оля была маленькая и тоненькая и хрупкая. На их пути встала отпетая компания подвыпившей молодёжи. Завидев лёгкую добычу они решили проучить патруль с красными повязками. Олю ударили по голове. Возможно кастетом. Она лечилась в больнице и страдала головными болями. Умерла внезапно. У неё оказалась не распознанная при жизни, внутричерепная осумкованная гематома. Случилась вся эта история в столице нашей родины, в Москве.

От этой семьи остались Володя и его сын Олег Ивачёв. Связь с ними потеряна.

Валентина Григорьевна Ивачёва
Фото: *Сёстры Ивачёвы: Справа налево: Валентина Григорьевна, Анфия Григорьевна. Стоят Николай Дубовицкий и жена Лидия*

Валентина окончила в Семипалатинске специальное медицинское училище. Работала медицинской сестрой. Бабушка Пелагея Григорьевна рассказывала мне. Перед войной приходили к Пелагее Григорьевне, какие то люди, разыскивали Валентину.
Интересовались где её учебники по медицине и хотели их забрать. Бабушка сказала что учебников у неё нет. И дочь с ней не живёт. Я видел эти учебники по которым она училась. Великолепное изложение. Почему их искали? Оказывается многие авторы тех медицинских учебников были *«врагами народа»*. Тётушка Валентина была замужем за Георгием Христофоровым. У них была дочь и перед войной родился сын Володя. В то лето 1941 года у неё с Христофоровым возник какой-то конфликт и она ушла от него к своей матушке, дети остались у отца. Я помню, как он приходил в дом на улице Герцена. Маленькая девочка Тамара только стала ходить, а Володя был ещё в пелёнках. Всех детей отправили из дома во двор под мою ответственность.

Маленькую Тамару передали то же мне, а сами ушли в дом и закрыли двери. Из дома доносился громкий разговор и плач. Наконец быстрыми шагами из дома вышел Христофоров с маленьким Володей на руках подхватил за руку Тамару и быстро ушёл со двора.

Позднее мне стала известна история этого конфликта. Вначале рассказывала мама. Потом вначале 60-х годов меня разыскал Володя. Я тогда работал в системе МПС. Мы жили на станции Курорт Боровое. Володя Христофоров отдыхал в Боровом, в одном из санаториев услышал мою фамилию и начал разыскивать. Я в тот вечер со знакомым хирургом задержался на охоте. Приехал домой уже затемно. Вхожу в квартиру и замер. За столом сидит мой двойник. Но какой красивый обаятельный парень. Жена потом часто шутила *«моложе и лучше качеством».*

Вспоминали с ним прошлое. Я уже многое знал о семейной трагедии Христофоровых, Володя добавил отдельные детали. У тётки Валентины после рождения второго ребёнка возник комплекс, который случается у родильниц. Врачи знают о чём идёт речь. Жить с мужем она не могла. А тут война. Она пошла на призывной пункт и её записали в армию добровольцем. Родные пытались отстоять от войны мать двух детей. Но военком был не преклонен. Отправили её на Восток. Она участница войны с Японией. Познакомилась там с лейтенантом. Он был тяжело ранен и ему ампутировали ногу на уровне средней трети бедра. Звали его Александр. С ним она приехала в Семипалатинск в то же самое время когда мы из Уральска приехали к бабушке. В Семипалатинске народ голодал. Была карточная система. На всю нашу семью 4 детей и двое взрослых, выдавали по карточке **кирпич** непропечённого хлеба. В отличие от нашего отца лейтенант Александр получал с военных складов воинский офицерский паёк. Знаю точно, потому что тётушка Валентина всегда брала меня в помощники нести продукты со склада на ту же улицу Герцена № 6. Дядя Александр, так мы дети его звали, пожил два-три месяца и уехал к родным в Россию. Валентина осталась беременной. Помню жуткие морозы в январе, а нам надо идти за тётушкой Валентиной в роддом. Взяли меня с собой. На улице ни единого человека. Все попрятались в домах. Ребёнка Людмилку я нёс из роддома на руках, а мама поддерживала Валентину. Еле-еле добрались до дома. А лейтенант уехал и адреса не оставил. Мы голодали. Наш отец несмотря на незаживающие раны на ногах стал работать корреспондентом в газете «Прииртышская правда». Несмотря на трескучие морозы, его часто посылали в командировки по району, а у него фронтовая шинель и всё те же армейские сапоги. Мама с тётей Валей из старых простыней шили фартуки для маленьких девочек. На которые я рисовал кошку с мышками, а потом вышивали их нитками. Фартук стоил пять рублей, столько же стоила на базаре тонюсенькая лепёшка из тёмной муки. Уголь для печи мы собирали вдоль дорожного полотна. Если повезёт то можно было принести домой пол ведра. В мае месяца на попутной машине с геологами мы поехали в Караганду к родственникам нашего отца. Там зима была теплее, угля «*навалом*» и у родственников была корова, а значит и молоко. Пока мы блуждали по степи корову у родственников украли. Но вскоре отменили карточную систему. Отец стал работать корреспондентом в обл. газете «*Социалистическая Караганда*».

Тётка Валентина работала медсестрой в воинской части в запретной зоне под Семипалатинском. Позднее я узнал, что её дочка, моя двоюродная сестра, Людмила была замужем за молодым военврачом. Была фотография. Связи потеряны.

Когда я работал в Щучинске и жили мы на улице Коммунистическая № 17 моя мама из Караганды приезжала с Валентиной к нам в Щучинск, в гости. Мы хорошо провели время. Сфотографировались.

От её сына Володи и от моей мамы я уже знал многое, кое-что добавила тётушка Валентина. Володя спустя многие годы разыскал свою мать. Была встреча со слезами. Но родственные отношения не восстановились. И они расстались теперь уже навсегда. Дети Христофоровых Тамара и Володя оставались у отца Георгия и воспитывались у дедушки и бабушки Христофоровых. Однажды дед пошёл с внуками и соседскими детьми на Иртыш купаться. На Иртыше очень сильное течение. Внучка Тамара с подружкой ушли далеко от берега и стали тонуть. Дед отбросил костыли и кинулся их спасать. И все трое утонули.

Володя учился и стал журналистом. Он жил в Караганде. А мы об этом не знали. Более того. Он был женат на редакторше нашей институтской «*Медицинской газеты*». После того как Володя побывал у нас на станции *Курорт Боровое* мы с ним связь не теряли. Я побывал в Караганде и познакомился с его женой. Очень красивая девушка. Он звал её Лина. Такая чудесная пара была. Глаз не оторвать! Потом Володя куда-то исчез. При очередном посещении Караганды Лину в мединституте я уже не нашёл. Однажды в Щучинске в книжном магазине случайно обратил внимание на книгу «*Оленьи тропы*». Автор В. Христофоров. Мой двоюродный брат. Где обитает, где работает установить не удалось

Прошли годы. Встретил в российской газете упоминание о Владимире Георгиевиче Христофорове. Занялся поиском. Нашёл. Мы с ним переписывались. (Вся переписка со мной) Из его писем я узнал что Володя из Караганды выехал в командировку на Север.

Увлёкся Северной тематикой, (наверное не только тематикой) стал писателем и в Караганду не вернулся. С Линой они расстались. Узнав, что я пишу Володя пытался устроить меня журналистом газеты *Литературная Россия*. Всё решалось на уровне редактора и быть мне зарубежным собкором газеты, но редактор нашёл более перспективного кандидата и меня не взял. После этого наша переписка с Володей пошла по нисходящей плоскости и кончилась. Володя жил в России, где-то в глубинке, на мои письма не отвечал.
Совсем недавно в Интернете увидел Володю среди корифеев современной постсоветской литературы. Вознамерился было я предстать перед ним по-родственному, да передумал. Мой адрес не менялся. Даже телефон тот же и несмотря на это он ни разу не дал о себе весточки. Я дважды был в России но искать его по всей Москве не стал. И времени было маловато. Виза кончалась.

Антонина Григорьевна Ивачёва

Фото семейное: слева направо:Анфия, Пелагея Григорьевна, Валентина и Антонина Спустя год после смерти Григория Львовича. Бабушка в траурном платье

Антонина, Тоня была замужем за Тузовым. У них было двое детей. Старшие по возрасту мои двоюродные братья. На фотографии они во дворе дома на улице Герцена № 6. Сфотографировались ровно через год после смерти дедушки Ивачёва. 1933 год. Бабушка в чёрном траурном платье. За всё время пока мы с мамой в 1941 году, жили у бабушки и собирались уезжать в Уральск, мы с семьёй Тузовых не виделись. Отсюда я делаю вывод, что летом 1941 года их в Семипалатинске не было. В годы войны мы жили под
Уральском в рабочем посёлке при МТС. Жили в мазанке, куда нас нахально переселил директор. Однажды летом 1942 года мама получила письмо и плакала так громко и всё о чём-то причитала. Мы с братиком Геной испугались и решили, что нашего отца убили на войне. Когда она немного успокоилась, и пыталась что-то объяснить я только и мог понять, что кто-то погиб или умер. Позднее выяснилось. В первый год войны призвали на фронт старшего сына Тузовых. Он выучился на лётчика и летом 1942 года погиб защищая Москву. В это время призвали на войну младшего. Эшелон с отъезжающими на фронт остановился на железнодорожной станции города, где жила его жена. Они только что успели пожениться. Отпросился братец у командира сбегать к жене. Дом рядом от станции. Командир разрешил. То ли состав тронулся раньше предполагаемого времени, то ли задержался брат у жены. Прибежал на станцию, а состав ушёл. Он кинулся догонять. Его арестовал патруль. Признали дезертиром и тут же расстреляли. Когда родители узнали о гибели детей они не смогли перенести эту утрату. В семье никогда не говорили о причине их смерти. Вероятно они оба покончили собой. Получив такое письмо мама плакала несколько дней. Сестру Тоню она сильно любила и потеряла всех Тузовых сразу.

Мария Григорьевна Ивачёва

Муж Гугенотов. Помниться его звали Владимир. По Семипалатинску я их не помню. Но мама часто рассказывала о Марии и её муже. По её рассказам он был царским офицером. Видимо служил в кавалерии потому что был неравнодушен к лошадям и всё пытался приобрести коня. Но ему всегда не везло. Почему то кони у него не приживались. Есть анекдот, кто-то купил вороного коня. Пошёл дождь и краска с коня смылась. Эту историю мама рассказывала всегда, когда вспоминала о зяте. Называла она его всегда по имени отчеству Владимир Александрович (?) И всегда рассказывала о его военной выправке. Стройный высокий с высоко поднятой головой, за столом сидел как-то особенно, выделяясь среди всех. Однажды купил в цыганском таборе коня. Мама рассказывала не конь, а загляденье. Только что-то уж очень печальный. Ни ест и не пьёт. Когда начали рассматривать коня, а у него горло пробито чем-то острым. Кинулись к цыганам, а табора и след простыл. Гугенотовы недолго пожили у бабушки и потом куда уехали. В 1956 году отыскал я их случайно в Алма-Ате. Жили они уединённо в одной комнате большого дома. Владимир Александрович был нездоров. Тётушка Мария встретила меня ласково и расспрашивала о всех родных. Я надеялся увидеть у неё фотографии, услышать о наших предках, но разговора не получалось. Может быть потому что я зашёл к ним с незнакомой для них девушкой. Проводила тётушка меня., обещала написать письмо, но тут у меня начались проблемы с институтом и связь не установилась. Позднее Мария Григорьевна побывала в Семипалатинске. Встретилась со старенькой матушкой и старшим братом Иваном. Есть фотография. Её муж умер от рассеянного склероза. Детей у них не было. Так настоял Владимир Александрович бывший царский офицер, наверное зная советские порядки, жил в ожидании ареста и детей с женой они договорились не иметь.

У нас в семье долго хранилась большая фотография наклеенная на картон. На её обороте был какой-то непонятный чертёж. Квадрат и треугольники. Мама рассказывала. Владимир Александрович был картёжником и на оборото фотографии сделана запись, которую обычно делают при игре в преферанс.

Зинаида Григорьевна

в замужестве Шведова. Виделись мы с семьёй Шведовых в Семипалатинске до войны в одно из посещений бабушки Ивачёвой. У тёти Зины было двое девочек старше меня. У бабушки был большой двор обнесённый крепким высоким забором и высоченные ворота с крепкой калиткой. В толстых столбах были круглые дырочки-отверстия. В них жили шмели. Однажды мы играли во дворе и на нас налетел большой шмель. Он так кружился и жужжал, что все дети с визгом побежали в дом. Я почему то не побежал и шмель начал кружиться и нападать на меня. В руке у меня была какая-то игрушка и я стал этой игрушкой от него отбиваться. Прибежали взрослые. Схватили меня на руки. А шмель сразу улетел. Эта история мне запомнилась, потому что мама часто всем рассказывали, как шмель напал на детей и маленький Коля от него отбивался. Рассказывали так часто и поэтому мне эта история запомнилась. (Гена родился в 1939 году. Мы были в Семипалатинске без него. Наверное мне было в то лето 3 года).

Фото: *На крыльце дома. Семья Ивачёвых: Григорий Львович и Пелагея Григорьевна Зинаида, Александр, Валентина, Анатолий и Анфия.*

Позднее когда я стал интересоваться родословной, отыскал я тётю Зину. Мы с ней переписывались. Я интересовался прошлым семьи Ивачёвых. Тётя Зина рассказала не много. Остальное дополнила мама. Шведовы часто меняли место жительства. Возможно это было связано с работой её мужа. Они жили в Сибири. По собственному желанию, морем добрались до Магадана. Помню мама читала письмо, как они плыли по Охотскому морю. Был сильный шторм и всех укачало. После Магадана они жили и работали в Мирном. Позднее где-то в Сибири. Кажется в Красноярске. От тётушки Зинаиды я впервые услышал слово «*Кабинет*» и она пыталась, как могла, объяснить мне значение этого слова связанного с Колыванью. Была хорошая фотография Шведовых в бабушкином садике (не сохранилась) старшую девочку звали Люсей. Тётя Зина прислала мне несколько фотографий из своего семейного альбома. Фотографии и письма пропали вместе с моим исчезнувшим архивом.

Надежда Григорьевна Ивачёва

Фото: *Встреча в Симферополе Николай Дубовицкий, жена Лидия, Надежда Григорьевна, Иван Николаевич, Вера и её дочка Лиля. (Галя фотографирует)*

Надежда Григорьевна, замужем за Иваном Николаевичем Никольским. Никольский в первую мировую войну был в боевых частях действующей армии. Часто попадал в смертельные переделки, но оставался жив, несмотря на то что вокруг его гибли товарищи по оружию. Никольский был верующим человеком и поклялся если останется в живых, то всю свою жизнь посвятит служению Господу Богу. Война кончилась, а он даже не был ранен. И пройдя все полагающиеся испытания, бывший царский офицер стал священником. Обзавёлся семьёй. Не просто было ему вести службу в церкви, которую грабили большевики-коммунисты и преследовали верующих. Большевики-чекисты обратили внимание на протоирея и предложили ему доносить им тайны которые верующие сообщают священнику на исповеди. Протоиерей Никольский

категорически отказался нарушить тайну исповеди. Тогда церковь закрыли, а его арестовали. Но и в подвалах ЧК протоирей не пошёл ни на какие сделки. Тогда его обрили и сдали в армию «*на перековку*». Не знали чекисты что перед ними бывший золотопогонник. Если бы узнали, то расстреляли на месте. Через пять лет бывшего попа выпустили на свободу.

Фото: *Иван Николаевич Никольский*

Он с женой Надеждой Григорьевной колесил по всей стране. Бывало устроятся на работу только начнут обживаться на новом месте, вдруг от них затребуют подробные паспортные данные или вернут на переделку Листок учёта отдела кадров или кто то из сослуживцев начинает интересоваться прошлым

Никольских. В ту же ночь они спешно исчезали из города куда подальше. Так и не заработали себе нужного стажа для пенсии. Отыскать их на территории страны было не просто. Помогли московские Ивачёвы: дядя Виктор и его жена Нина. Нашёл я Никольских в Крыму.

Никольские Иван Николаевич и Надежда Григорьевна жили в Симферополе. У них трое детей. **Галя** жила в Севастополе. Стала художником. Вторым браком была за Володей Левицким.

Вера работала художником в Никитском Ботаническом саду. Её дочка Лилия окончила Художественное училище и рисовала профессионально. Сын Никольских **Николай** работал фотографом, занимался художественной фотографией. Это была незабываемая встреча. Они были рады что мы их отыскали. Разговорам не было конца. Крымские Ивачёвы провожали нас из Севастополя в Геленджик. Отчалили мы с гостеприимного Крыма на теплоходе «*Петродворец*». Нас ждал отдых в Геленджике.

Фото: *Ольга дочь Николая Никольского на своей Персональной выставке* **Ольга на обложке книги** с Колыванской вазой
Фото: Николай Никольский мастер художественной фотографии.

Позднее я ещё раз побывал в Симферополе. Занимался в Симферопольском архиве и жил у внучатой племянницы Лили. Намеревался из Симферополя посетить город Николаев, по этому адресу мне после долгих поисков удалось найти семью репрессированного врача Гогниева Николая Александровича. Выпускник Дерптского университета, он в 1910 году успешно лечил туберкулёзных больных в Боровом Щучинский район, где я отработал тридцать лет. (в советское время Кокчетавская область).

Для лечения Гогниев использовал искусственный пневмоторакс и средства народной медицины. Больные ехали к нему со всех концов страны. В 1937 году врача Гогниева арестовали по доносу. И он исчез. Жена с детьми бежала. Вначале скрывалась на Алтае и после войны перебралась в Николаев. Из Симферополя я собрался к семье репрессированного врача Гогниева.

Случилось это под Новый год, в декабре 1985. К удивлению такси заказать не удалось и до аэропорта я с трудом нашёл частника. В аэропорту творилось что-то неописуемое. В стране, приступившей к демократизации советского общества по методу Горбачёва, кончился керосин. Самолёты не летают. Аэропорт закрыт. Люди сутками стояли в тесном зале аэровокзала и лежали в проходах. С большим трудом, случайным рейсом, проявив находчивость, вместо города Николаева я вылетел на Москву. Связь с Казахстаном бездействовала. Целую неделю все были в неведении что там произошло. Наконец дозвонился я до Щучинска. Первые слова. Которые сказала мне жена: «*Не волнуйся. Мы живы*».

Теперь, самые невероятные катастрофы так часто обрушиваются на Россию, и возможно декабрьские события в Казахстане 1985 года, забылись, а новому поколению не известны.

Вся перестройка началось с безобидных с виду событий. Горбачёв решил заменить весь партаппарат Кремля. После Москвы дошла очередь до Казахстана. Жители Казахстана не имели ни каких претензий к первому секретарю Казахстана Д.Кунаеву. Казахстан славился своими хлебными урожаями и содружеством наций. Но Горбачёв Кунаева снял и на место его прислал своего ставленника Колбина. Казахи возмутились: «*Почему убираешь. Мы не согласны. Зачем Колбин. Мы его не знаем*» Возник конфликт.«*Почему всегда не казах? Голощёкин, Мирзоян, Брежнев. Хватит. Давай нам казаха*».

Горбачёв был непреклонен. И тогда в Алма-Ате возмущённые казахи вышли на улицы. Их пытались уговорить, пытались применить силу. Тогда казахи легли на площади перед Домом советов. Колбин связался с Горбачёвым. И получил команду. И на центральную площадь Алма-Аты, имени Брежнева, на лежащих на земле людей, двинулась военная техника. Пролилась кровь. Поднялся весь Казахстан. Но методы войны с собственным народом в стране советов были отработаны с первых лет советской власти и многократно испытаны. За неделю успешно управились.

После Казахстана настала очередь Карабаха, потом Сумгаит, потом Тбилиси, потом Фергана, потом... А довольный *«демократ»* Горбачёв потирал от удовольствия руки и радовался на весь телеэкран: *«Процесс пошёл!»*

Начался распад страны. На границах бывших союзных республик возникли конфликты. На обломках ещё недавно вроде бы могучего государства, как грибы после дождя. возникали новые государства.

В этой обстановке связь с крымскими родственниками была потеряна. Однажды мне представилась возможность передать письмо в крымскую газету. К моей радости моё поисковое письмо опубликовала *«Крымская правда».* Отозвалась Лиля. Дочка моей двоюродной сестры Веры. С тех пор переписываемся. Звоним по телефону. Имеется связь по интернету.

Не стало в живых тётушки Надежды Григорьевны Никольской, рождённой Ивачёвой. Умер Иван Николаевич её муж бывший царский офицер, ставший священником. Умерли их дети Вера в 1985, Галя в 1996, Николай в 2004.

Но осталось молодое поколение, потомки Ивачёвых, внуки и правнуки Ивачёвой Надежды Григорьевны и, что удивительно все рисуют. Алтайские художественное гены заложенные в Колывани в полной силе проявили себя на Крымской земле.

Рисуют: дочка Веры Лилия Мельник и внучка Катя.

Дочь Николая Никольского Ольга занимается художественной вышивкой. Её сын Василий окончил Художественную школу в Симферополе и поступил в Художественное училище имени Н.С.Самокиша на курс графики и дизайна. В этом же училище учится, внучка Лили старшей, Лиля младшая. Теперь они вместе с Василием осваивают все тонкости и премудрости художественного искусства в стенах Художественного училища имени Н.С. Самокиша.

Примечание: Самокиш Николай Семёнович (1860-1944) живописец, Заслуженный деятель искусства России (1937г) Многофигурные батальные композиции. Государственная премия СССР в 1941г

Картины Василия Дроздова.
Внучатый племянник Надежды Григорьевны Никольской урождённой Ивачёвой.

Фото: Никольские отмечают Пасху. За столом Николай, племянник Василий, Надежда Григорьевна, Лиля дочь Веры, Две сестры: Вера и Галя дочери Надежды Григорьевны Никольской, она урождённая Ивачёва.

Фото: Галина Никольская

Галина Ивановна Никольская, из семьи Семипалатинских Ивачёвых. Вместе с родителями, опасающихся ареста, колесила по стране в поисках спокойного угла. В таких условиях трудно, порою невозможно было толком учиться, и тем более заниматься рисованием. Но Галина Никольская преодолела все трудности и стала художником. Семьи у неё не получилось. Её картины в музеях. Обещанные фотокопии для этой книги к моменту её издания, к сожалению не поступили.

Фото:
Наталия Андреевна, дочь Анфии Григорьевны Ивачёвой

Её стараниями сохранились некоторые семейные документы и фотографии семипалатинских Ивачёвых. Во время горбачёвской перестройки, когда уничтожалось не только советское государство, разрушались обездоленные семьи, Наташа жила в Караганде, во *Всесоюзной кочегарке*, до перестройки снабжающей углём страну. В новых демократических условиях, местные власти были не в состоянии обеспечить теплом жилые кварталы Караганды.
  В эти трудные годы, когда зимой в квартирах не было воды и тепла, Наташа выжила и сохранила родительские бумаги, и фотографии, которые теперь представлены на страницах этой книги.

***

10/. Ивачёвы и Зыряновы Легенды и горькая действительность. Локтевский завод-родина Герасима Зырянова. 13 летний Герасим промывальщик руды. Слесарный ученик. Жена Ульяна. 1791 год. Экспедиция. Герасим Зырянов находит золото. На Локтевском заводе подтвердили «Золотистое серебро». В.С. Чулков рапортует в Барнаул. Г.С. Качка спешит обрадовать Кабинет. Тем временем Герасим в экспедиции тяжело заболел и умер. Вдова и шестеро детей без средств к существованию. Старший сын Александр 11 лет и Степан 9 лет вынуждены работать на заводе. 1793 год. Сын Зырянова Александр подаёт Прошение о выдаче вознаграждения за открытие золотого рудника его отцом или хотя бы добавить ему Александру Зырянову жалованье
В 1801 г . Царь Александр I подписал Указ.:551 рубль 61 коп. за открытие золотоносного месторождения семье Зырянова. Пелагея Григорьевна Пирожкова выходит замуж за священника Черкасова. Он погибает в составе мисси в Китай. Овдовевшая Пелагея выходит замуж за Григория Львовича Ивачёва. 1868 год. Великий князь Владимир Александрович сын Императора Александра II путешествует в северных районах Казахстана, и на Алтае. Он побывал на Зыряновском руднике. Пчёлы на Алтае. Дедушкина пасека. Сладкий мёд и горькая судьба пчеловода.

Пелагея Григорьевна Пирожкова в замужестве Ивачёва, моя бабушка по материнской линии, из рода Герасима Зырянова.
В семье Ивачёвых от старших к младшим передавались истории и легенды о Герасиме Зырянове открывшим на Алтае золото. *«Герасим Зырянов часто бывал на охоте в отдалённых местах и однажды в горах встретился с беглыми. Они много времени блуждали и не могли выбраться на правильный путь. Зырянов поделился с ними едой, и вывел их на правильную дорогу в обход селений. При расставании беглые заспорили. Одни настаивали, что Зырянов выдаст их властям и его надо убить. Другие говорили, он нас спас и его надо наградить. На том и порешили. Вернулся Зырянов домой, а в сумке у него куски каменной породы с прожилками золота. С той поры занялся Зырянов поисками. И ему посчастливилось найти место откуда были камни подаренные ему беглыми в награду. Зырянов заявил властям о своём открытии и в награду стал получать пенсию, которая передавалась по наследству».*
Анфия моя мама, дочь Пелагеи Григорьевны рассказывала, как она до революции бывала у дедушки в гостях . *«Дедушка получал от царя пожизненную пенсию за рудник. Деньги он ни кому не доверял и хранил их в сундуке, а весной доставал денежные банкноты из сундука и выносил их во двор на солнышко, для просушки».*
В послевоенные годы бытовало мнение, что *«Зырянов открывший золото на Алтае умер в нищете».* Об этом в 50-х годах однажды сообщала для детей страны Советов газета *«Пионерская правда».* Мы не верили газетному сообщению. Мы верили нашей маме и её рассказу о сундуке полном денег.
Когда мы рассказывали знакомым, что город Зыряновск назван в честь нашего предка Герасима Зырянова, то нам не верили некоторые знатоки поправляли: *Зырянов открыл не одно, а три месторождения золота.*
Совместить эти сведения в одно целое было непросто. Но обратимся к фактам.

Герасим Зырянов родился в 1753 году на Локтевском заводе. В 1747 году все рудники и заводы принадлежащие Демидову по Указу Императрицы Елизаветы отошли в царскую собственность вместе с рабочими и проживающими на этих землях жителями. Дети мужского пола мастеровых Колывано-Вознесенских заводов с малолетства выполняли рудничную работу, среди них был юный Герасим. В 1866 году в возрасте 13 лет он был определён в промывальщики руды с жалованьем 16 рублей в год. На юного Зырянова обратили внимание за его сметливость и старание. В 1782 году он был переведен в бергайеры, а через два года на Бухтарминском руднике стал слесарным учеником второй статьи с годовым жалованьем 26 рублей в год и обзавёлся семьёй.
Жизнь рабочих, занятых малооплачиваемой работой, с вечной заботой о детях и хлебе насущном, была тяжкой. В семье Герасима Зырянова и Ульяны было пятеро детей. Их ожидала та же безрадостная беспросветная жизнь как и остальных детей из рабочих добывающих в темноте шахт и ценную руду для царского двора. Имя Зырянова

затерялось бы среди рабочих, теряющих здоровье на тяжкой работе, а порою и жизни ради счастливого круга избранных. Но счастливый случай помог Зырянову стать известным.

На необъятных просторах Алтая не приостанавливались поиски руды. В далёком от Алтая Санкт-Петербурге, в Кабинете Ея Величества желали иметь золото! И поисковые партии с опытными бергайерами, каждое лето уходили в дальние походы.

В 1791 году один из поисковых отрядов, занимался исследованием в долине реки Бухтармы. В этом отряде был Герасим Зырянов. И ему повезло. Он нашёл золото! Вот как об этом докладывал в Кабинет Управляющий Колывано-Воскресенских заводов Г.С. Качка, получив доставленное к нему спешно донесение от начальника Локтевского завода В.С. Чулкова. *«Сего 1791г. мая месяца из находившихся при Бухтарминском руднике служителей слесарный ученик Герасим Зырянов, упражнялся в тамошних окрестностях для пропитания служителей стрельбою зверей по речке Берёзовка, в расстоянии от Бухтарминского рудника в тридцати верстах, нашёл рудное место, из которого рудные куски мая 28 числа в Локтевский завод доставлены. Которые по пробе оказались, что содержат золотистое серебро и свинец...».*

Восторгам не было конца. Имя Зырянова было у всех на устах. Благая весть из Локтевского завода помчалась в Петербург. Там ликовали. Появилась реальная надежда иметь золото.

Согласно царскому Указу за открытие месторождения золота Герасиму Зырянову полагалось вознаграждение. Но в пылу радости о первооткрывателе золота скоро забыли. Ни какого послабления в работе он не получил и продолжал исполнять тяжёлую работу в полевых условиях под открытым небом. Ветхая одежда не спасала его от холода. Просушиться негде, сменной одежды не было. В сентябре того же года Зырянов простудился и заболел. В тяжёлом состоянии его отправили на *«Воронью»* пристань что на Иртыше, откуда его на лодке гружёной рудой доставили к *«Убинскому»* форпосту. На этом форпосту Герасим Зырянов не приходя в сознание скончался. Случилось это 17 сентября 1791 года.

Вдова Ульяна Зырянова осталась без кормильца, в крайней бедности с 6 малыми детьми на руках. Старшему Александру -11, Степану 9- лет.

Ульяна Зырянова ждала вознаграждение за труды своего мужа. Но после смерти о Герасиме Зырянове забыли и выплачивать положенного ему по закону вознаграждения не собирались. Семья Герасима Зырянова голодала. Старших сыновей Александра и Степана, приняли на Шлифовальную фабрику, наверное не без помощи начальника Локтевского завода Василия Сергеевича Чулкова. Но что он мог ещё сделать для сыновей покойного, если все работы на фабрике оплачивались по утверждённой смете определённым лицам, за определённо выполненную работу.

В.С.Чулков несколько раз обращался в Барнаул к начальнику Колывано-Воскресенских заводов Г.С.Качке. Вот одно из его писем: *«Герасим Зырянов по себе оставил в сущей бедности шестерых малых детей и я счёл за долг обстоятельно представить их в великодушное рассмотрение Вашего Превосходительства».*

Но осыпанному милостями Кабинета Его Императорского Величества, Качке было не до семьи умершего рудознатца. Не раз ещё пришлось Чулкову обращаться к Г.С.Качке, пока Высокоблагородие наконец-то смилостивился. На письме Чулкова он начертал своё решение: *«Определить детей Зырянова к чему они по летам способны быть могут, в шлифовальные ученики. Поэтому, первому-12, второму- 9 рублей в год жалованья».* О вознаграждении за открытие Зыряновым золотоносного месторождения, он не обмолвился.

Не получив желанного ответа, Чулков рассудил по своему и установил жалованье Александру 18 рублей в год, а Степану 15 рублей. Но этих денег не хватало на пропитание многодетной семьи Герасима Зырянова.

В 1793 году его 13 летний старший сын Александр Зырянов, подал Прошение на имя начальника заводов Г.С.Качки, в котором писал, что получаемого им и братом жалованья *«...на обувь, платье и харчевые припасы едва достаёт. Мать же нашу и сестёр пропитывать находимся не в состоянии. Того ради, покорнейше прошу для содержания и пропитания матери и сестёр за прииск рудника покойным отцом моим выдать вознаграждение сколько Ваше Превосходительство заблагорассудить соизволите, или, учинив рассмотрение, прибавить мне с братом жалованья , что бы мы могли семейство пропитывать без недостатку...».*
Но прошло ещё 8 лет, прежде чем семья Герасима Зырянова получила вознаграждение, за совершённое им открытие. Случилось это благодаря участию Василия Сергеевича Чулкова.
В 1800 году он был назначен начальником Колывано-Воскресенских заводов и напрямую обратился с докладными по инстанциям о вознаграждении семьи Герасима Зырянова за открытие им золотоносного рудника.
В 1801 году царь Александр I подписал Указ о выплате семье рудознатца 554 руб. 61 коп.

в год. Не расщедрился царь-батюшка. А в тот год из руды добытой на Зыряновском руднике было выплавлено более 54 пудов серебра, без малого почти тонна драгоценного металла.
Фото: *Ивачёва Пелагея Григорьевна с дочкой Фаней. Её полное имя Анфия. Она станет матерью Николая Дубовицкого.*

Дети Герасима Зырянова несмотря на малолетство продолжали работать на Бухтарминском руднике. Александр пошёл по стопам отца. Он открыл три рудных месторождения. Степан стал мастером кузнечных дел.

Юную Пелагею Пирожкову выдали замуж за Черкасова. принявшего сан священника. Его в составе Миссии отправили в Китай. На обратном пути в Россию священник Черкасов умер или погиб. Один или погибла вся Миссия установить не удалось. В каких-то архивах погребена история этой миссии, причина смерти священника Черкасова и место его погребения. Молодая вдова вышла замуж за Григория Ивачёва. Она могла бы много поведать о том прошлом времени. Но не всё что происходило в роду Зыряновых, Пирожковых,Черкасовых, Лашковых и Ивачёвых можно было открыто говорить. Так было во всех семьях имеющих не пролетарское происхождение. В советское время за одно только родство с дворянами, помещиками и казаками можно было угодить на Соловки и куда подальше. Кремлёвские руководители считали, что классовая борьба не кончилась и распространяли свои методы борьбы в глубь и в ширину, благо для этого просторы российские позволяли чинить кремлёвский самосуд без пределов и ограничений.

Возвратимся к легендам и рассказам о Герасиме Зырянове, включая статью в *«Пионерской правде»* и сопоставляя их с данными полученными из архивов можно с уверенностью подвести итог, что всё сохранившееся в памяти родственников не противоречит, сопоставимо и дополняет архивные сведения.

В 1868 году на землях Западной Сибири и на Алтае побывал третий сын императора Александра II Владимир Александрович. В честь его приезда на земли Западной Сибири, жители северных районов казахских степей устроили выставку казахского прикладного искусства. Среди экспонатов выставки внимание Великого князя привлекли: юрты акмолинца Нурмагамбета Сагнаева и атбасарца Мейрама Джанайдарова и дары султана Кокчетавского округа Чингиза

Валиханова. Ценные экспонаты выставки высокому гостю были преподнесены султаном Семипалатинского округа Арынгазы Хангожиным: юрта со всем её внутренним убранством, женское седло инкрустированное серебром, мужское седло украшенное золочёным серебром, мужской наборный пояс и другие изделия народного искусства. В Семипалатинск двигались на лошадях почтовым трактом. Проезжали мимо станицы Убинской, построенной на месте Убинского форпоста, где в 1791 году скончался и был похоронен Герасим Зырянов. Одновременно с основанием форпоста была заложена деревянная Церковь. В 1814 году был построена каменная однопрестольная церковь взамен сгоревшей деревянной во имя Святого Николая Чудотврца. Станица выделялась белой каменной церковью с колокольней.

В летописи Усть-Каменогорской Троицкой церкви сохранилась запись: «*1868 год июля 18 дня в 11часов вечера изволил посетить г.Усть-Каменогорск Великий Посетитель Благоверный, Государь Великий князь Владимир Александрович*». 19 июля в 8 часов утра Великий гость отправился на Зыряновский рудник. Переехали несколько речек и оказались в одном из самых живописных уголков Алтая. В глубоком ущелье склоны гор сходились настолько тесно, что лишь далеко вверху мелькала узкая полоска неба. Выбравшись из этого диковинного ущелья путники попали на богатые пастбища. Благодаря медоносной растительности в этой местности было заведено много пасек. Одну из пасек посетил Великий князь Владимир Александрович со своей свитой. В память об этом посещении в павильоне была памятная медная дощечка с надписью: «*Его императорское Высочество Великий Князь Владимир Александрович в проезд по Западной Сибири удостоил принять здесь завтрак 19-го июня 1868 года в 2 ч.*».

Самым значительным поселением на пути была станция Бухтарминская. На 4-ой версте дорога свернула на рудник Зыряновский. Дорога до самого Зыряновского рудника шла по безлесным сухим горам и по солончаковым равнинам. Проезжающие обратили внимание на недостаток воды в этой местности. На их пути встретился лишь один ручей, впадающий в реку Иртыш. Зырянровский рудник был открыт в мае 1791 года слесарным учеником 2-ой статьи Герасимом Григорьевичем Зыряновым. Уже первые анализы в лаборатории Локтевского завода показали, что зыряновская руда богата золотистым серебром и свинцом. Зыряновский рудник, как и вся огромная территория Алтая были собственностью русских царей под управлением «Кабинета Императорского Величества», который надеялся засчёт Зыряновского рудника пополнить доходы казны. В 1827 году из зыряновских руд было выплавлено 146 пудов серебра, а в конце 30-40-х годов добывалось до 914 пудов золотистого серебра, в то время как на всех алтайских заводах всего 225 пудов.

Во время посещения Зыряновского рудника население его составляло 4488 человек, из них на руднике работало 1800 рабочих.

О пчёлах

В семье семипалатинских Ивачёвых сохранились воспоминания о родственниках занимающихся на Алтае пчеловодством. В годы войны Анфия Григорьевна дочь Ивачёва Григория Львовича жила в городе Уральске. Вначале зимы 1941 года её мужа перевели на работу в Чувашинскую МТС для организации посевной кампании 1942 года. Задание не простое. Многих мужчин отправили на войну. В деревне оставались старики, женщины и дети. Не хватало трактористов, что бы распахать землю. Мобилизовали девушек и в спешном порядке обучали их управлять трактором. Когда отец с этим заданием успешно справился, и посевную успешно провели, с него сняли «*бронь*» и отправили на войну. Анфия осталась с двумя малолетними детьми в ожидании третьего ребёнка. Хлебные карточки выдавали только горожанам и поэтому семье командира Красной Армии проживающей в сельской местности **карточку** не выдали и обеспечить хоть каким-нибудь питанием начальство не озаботилось. В низенькой саманной хате, часто без топлива, без хлеба, при свете *копитилки*, что бы хоть как-то отвлечь детей от горестного существования, Анфия рассказывала им, на сон грядущий, удивительные истории и сказки. Особенные впечатления на детей производили её рассказы о пчёлах, о дедушкиной пасеке, на которой она бывала много раз. В степном Приуралье пчёлы не водились и дети слушали её, затаив дыхание. Мать успокаивала детей, что «*вот скоро кончится война, вернётся домой отец и тогда мы все уедем к дедушке на пасеку, где живут пчёлы, которые строят себе домики из воска и собирают с цветов мёд и пыльцу*», Анфия по старинке называла пыльцу *«хлебиной»*. Дети слушали её рассказы и засыпали. И снились им пчёлы, будто они приносят своим деткам мёд и эту загадочную *«хлебину»*. Во сне появлялась к ним пчелиная королева в длинной диковиной одежде, в окружении своей свиты и дарила детям полный кувшин сладкого душистого мёда и полную корзину *«хлебины»*, которая была вкуснее хлеба. Несколько месяцев с фронта от отца не было писем. Мы думали, что наш отец погиб на войне. Похоронки не миновали Чувашинскую МТС. Однажды появился цыганский табор. Старая цыганка нагадала. Наш отец не убит, он ранен. И скоро будет дома.

На удивление всем её предсказания сбылись. Отец на костылях, и весь израненный вернулся с войны домой. Когда ему стало полегче мы переехала в Семипалатинск. Но оказывается дедушкиной пасеки и его самого давно уже нет в живых. Пасека деда находилась где-то далеко в горах. Когда проводили коллективизацию дедушкину пасеку назвали колхозной и деда объявили колхозным пчеловодом. В тот первый год выдалось засушливое лето. От палящих лучей солнца выгорели травы не только на склонах гор, но и в долинах. Дед не сдал колхозу мёд с пасеки объявленной колхозной и его со всей семьёй арестовали, как саботажника и злостного *«врага советской власти»* отправили в лагерь. Из всей семьи на свободе осталась только старшая дочь Аглая. Словно предчувствуя надвигающуюся беду, дед накануне отправил её к дальним родственникам, от греха подальше. Все подробности ареста остались бы ни кому не известными, но баржа с арестованными кулаками и прочими врагами советской власти из горного Алтая, пристала к пристани Семипалатинска. Начальник конвоя, которому дедушка поведал свою историю, сжалился над стариком и под честное слово, отпустил его повидаться с сестрой. Полдня провёл дедушка у своих родственников и к вечеру вернулся на баржу.

Прошли месяцы. Однажды бабушка Пелагея Григорьевна Ивачёва нашла в почтовом ящике листочек бумаги, свёрнутый в несколько раз и потёртый на сгибах, развернула его и с трудом разбирая корявые строчки прочла: «*...мы в степи за колючей проволокой днём жара ночью холод воды не дают слизываем росу из овечьего копытца каждый день мрут люди прощай Пелагея помолись за нас*» Бабушка не сразу поняла про овечье копытце. Потом догадалась. *«Овечье копытце»* это-след от овечьего копыта на влажной земле. Земля засохла. След сохранился. В его углублениях собиралась утренняя роса. Её и слизывали заключённые. Из всей семьи в живых осталась только Аглая. Изредка писала она письма родственникам Ивачёвым в Семипалатинск и несколько писем во время перестройки получила Анфия, проживающая в то время в Караганде. В тот год, названный периодом гласности и демократизации советского общества, в прессе промелькнуло сообщение, что конфискованное в годы революции, гражданской войны и коллективизации, имущество возвращается владельцам или выдаётся денежная компенсация, если наследники имеют на руках расписку или другой, подтверждающий документ. Немало подивившись этому прочитанному сообщению, в письме Аглае, задал я ей этот вопрос, не попытаться ли вернуть утраченное? *«Ну, что ты Коля? Какие там документы! Да ты ещё пишешь, с подписями и печатями. Забрали всё под дулом револьвера. Вот и вся расписка!»*

На этом письме связь с Аглаей прервалась. То ли выехала куда, то ли умерла от старости и болезней, без медицинской помощи, как сотни тысяч людей её возраста, обездоленные советской властью. А меня продолжает интересовать вопрос: для кого это так расстарались в то время кремлёвские товарищи, у кого оказались заверенные документы, и кто конкретно *«нагрел руки»* с очередной кампании под лозунгом: *«Грабь награбленное!?»*.

Примечание: Несмотря на великолепные медоносные растения на Алтае, пчёлы в естественных условиях едва ли могли пережить холодную зиму с трескучими морозами.

Существует предание, что пчёлы на Алтае появились в 60-х годах XIX века, с первыми переселенцами из России и Башкирии, где климат был помягче, зима короткая и медоносных растений хватало. Там человек много веков занимаясь сбором мёда от диких пчёл, постепенно освоил пчеловодство и многие имели пасеку неподалеку от дома. Пчёл на Алтай везли на телегах в ульях, медленно и подолгу, с отдыхом и зимовкой по пути следования. На новом месте в умелых руках они быстро размножались и распространились по всему Алтаю. Пасеки были в Горной Колывани, например на Ручьёвском косогоре стояла пасека, принадлежащая Серковым. Это было большим подспорьем в хозяйстве для мастеров и рабочих занятых камнерезным искусством.

***

11/. Лашковы до и после Октября.

Камнедельные мастера, гранильщики, отдельщики, шлифовальные ученики, каменотёсы, кузнецы и другие специальности, без которых Колыванская шлифовальная фабрика обойтись не могла. При фабрике была контора, лазарет, конюшня, магазины для хранения провианта и припасов. Родословная Ивачёвых, Серковых, Лашковых. Ссыльный Ф.М.Достоевский в Семипалатинске и его венчание с Марией Исаевой в г. Кузнецке, с участием дьякона **Петра Лашкова**. Мария Васильевна Серкова замужем за Владимиром Ивановичем Лашковым. Сын Марии и Владимира Кирилл Владимирович Лашков один из авторов этой книги. Мать Марии Васильевны Анна Андреевна Ивачёва, родная сестра Павла Андреевича Ивачёва Управляющего Колыванской шлифовальной фабрикой. Судьба Лашковых в 30-е годы при советской власти. Жизненный путь Кирилла Владимировича Лашкова и судьба его жены Лидии Андреевны Гудковой.

Лашковы до Октября

Как часто бывает в небольших селениях все жители не только знакомы, но имеют близкое или дальнее родство. Они вместе учились, трудились и посещали церковь. В Горной Колывани все слои населения были заняты одним делом, на одном производстве и многие имели одну и ту же профессию или специальность. Они были потомственными камнерезами на Колыванской Шлифовальной фабрике.

Фото: ретро. В этом двухэтажном здании мастера камнерезы исполнили самые большие Колыванские чаши, в том числе «Царицу ваз».

Но добывание каменных монолитов, их транспортировка на Шлифовальную фабрику для дальнейшей обработки не могла существовать без вспомогательных специальностей и профессий. С учётом сурового сибирского климата обеспечивать камнерезное производство жизненно необходимым, были десятки и сотни людей напрямую не связанные с камнерезными работами.

В книге *«Колыванская шлифовальная фабрика на Алтае»* Краткий исторический очерк, составленный П.А. Ивачёвым и Н.С. Гуляевым к столетию фабрики 1802-1902 гг. представлен список 43 специалистов занятых на шлифовальной фабрике:

Мастер Берггшворен-1.
Каменодельные мастера – 3.
Гранильщики-1 Отдельщики 1 статьи. – 5; 2 ст.-5; 3 ст.- 6.
Шлифовальных учеников 1 статьи.- 4; 2 ст.-4; 3 ст.- 3; 4 ст.- 1.
Каменотёсов - 2, Кузнецов – 5, Кузнечных учеников – 2.
Деньщиков – 1.
Всего 43 человека, непосредственно занятых на фабрике.

Но при фабрике была контора, лазарет, конюшня, магазины для хранения провианта и припасов. Фабрика не могла достаточно полно выполнять весь необходимый объём работы, особенно при обработке больших монолитов, без привлечения дополнительного количества людей. При подсобных работах использовались ученики Горной школы, что входило в программу их обучения. При транспортировке каменных блоков собирали крепких парней и мужчин со всей округи.

Административный штат: Управляющий фабрикой 1. Помощники обер-офицерского чина и по искусственной части в качестве мастеров – 2. По хозяйственной части – 1.
Письмоводитель обер-офицерского чина -1.

Кроме того имелись служители по письмоводству, каменодельным, каменоломенным работам до 30 человек. По вспомогательным цехам – 53 человека, и всего 218 человек. Кроме того, Колыванская фабрика в силу необходимости должна была содержать сверх положенного штата: 12-будочников, 3-казаков с обмундировкой, командного урядника, счётчика при денежной кладовой, 9- солдат при унтер офицере для охраны денежного ящика. Комиссара при лазарете, повара и прачку при лазарете, 3- дрововоза, 5 – денщиков с жалованием от чиновников, 45- подростков, 80- человек при добыче камней, 2-учителя и 1-законоучителя.

Эти изначальные цифры год от года менялись с учётом объёма производимых работ с соответствующими изменениями не только в штатном расписании, но и в денежном обеспечении.

Из большой семьи рано умершего Андрея Васильевича Ивачёва (1811-1860) его сын Павел Андреевич Ивачёв (1845-1910) был женат на Анне Аполлоновне Лашковой (1861-1938) Отец Анны Лашковой священник Аполлон Александрович (1840-1909)

Брат священника Аполлона Лашкова, Иван Александрович Лашков (1845-1916) имел сына Владимира (1890-1942) Его сын Кирилл Владимирович один из авторов этой книги.

Фото: *Кирилл Владимирович Лашков в юные годы*

У него двойное родство с семейством Андрея Васильевича Ивачёва, дочь которого Анна Андреевна (1849-1932) была замужем за Василием Константиновичем Серковым (1846-1921) От этого брака родилась дочь Мария (1891-1971).
Мария Васильевна урождённая Серкова замужем за Владимиром Ивановичем Лашковым. Сын от этого брак Кирилл Владимирович 1921 года рождения (повторюсь) один из авторов предлагаемой вниманию читателей книги «Павел Андреевич Ивачёв».

Мария Васильевна Серкова-мать Кирилла Владимировича, многие годы жила в Колывани и покинув её бывала не однажды в своём родном селении. Она оставила свои Воспоминания о Колывани и схему, план Колывани и родительского дома Серковых.

Занимаясь историей Колывани и биографией священника Аполлона Лашкова, проживающего в Томске, где он был законоучителем Томской Мариинской гимназии, в которой обучались дети Ивачёвых: Маргарита и Мария, авторы заинтересовались родословной священника Аполлона Александровича Лашкова. У его отца Александра Дмитриевича Лашкова (1816-1860) был брат Пётр служивший дьяконом. Дальнейшие поиски привели к Фёдору Михайловича Достоевскому, в те далёки годы осуждённого по делу Петрашевского и после тюремного заключения отбывающего ссылку в Семипалатинске. О том что будущему великому писателю после продолжительных мытарств было разрешено женится на Марии Дмитриевне Исаевой известно. Подробности связанные с этим событием сообщили нам Томские краеведы Бурмистеров и Геннадий Скворцов, с участием писателя Б.Н.Климычева. По их предположениям дьякон Пётр Лашков мог быть родственником священнику Аполлону Лашкову. Теперь родство установлено. У Александра Дмитриевича Лашкова, было два сына, один священник Аполлон Александрович Лашков второй Пётр Александрович Лашков, дьякон служивший в Одигитриевской церкви города Кузнецка. Для Аполлона Лашкова он родной дядя. Дьякон Пётр Лашков принимал участие в обряде венчания Фёдора Михайловича Достоевского с Марией Дмитриевной Исаевой.

Примечание: С приходом к власти большевиков ленинским декретом были упрощены все вопросы бракосочетания до примитивного минимума, по принципу *«сошлись-разошлись»* У тором *«сошлись»* к вечеру *«разошлись или наоборот*. Позднее поняли что этот важный момент в жизни людей надо оформлять соответствующими документами. Появилось государственное учреждение «ЗАГС».

А как это приходилось делать в пресловутые царские времена да ещё ссыльному?. Без особых сложностей к ссыльному Ленину приехала Надежда Константиновна. Встреча завершилась свадьбой. И стали они мужем и женой.

У поднадзорного Достоевского было всё намного сложнее. Он ещё военную службу отбывал в Семипалатинске, а невеста Мария Дмитриевна Исаева, вдова жила в городе Кузнецке. Она не может приехать к жениху. Жених тем более не может покинуть подневольную службу. После длительной переписки и обивания порогов последовало разрешение воинского начальства.

(от) «Командира 7-го Сибирского линейного батальона № 167
1 февраля 1857 г.Семипалатинск.
Градо-Кузнецкой Одигитриевской церкви священно-церковнослужителям.

Прапорщик вверенного мне батальона Достоевский сговорил за себя в законное супружество проживающую в г.Кузнецке жену умершего заседателя по корчемной части, коллежского секретаря Александра Исаева Марию Дмитриевну, имеющую от роду 29 лет почему покорнейше прошу священно-церковнослужителей, ежели со стороны невесты не будет предстоять законных препятствий, то г. Достоевского свенчать, от роду он имеет 34 года, холост, как он так и невеста, вероисповедания православного, г. Достоевский у исповеди и св. причастия ежегодно бывал, при чём прилагаю подписку невесты и свидетельство о смерти мужа ея, - по свенчании же не оставить меня уведомить.

Подполковник Г. Велихов»

С этим документом, окрылённый надеждами прапорщик Достоевский двинулся в дорогу. На пути в Кузнецк, побывал он в Барнауле. Из Барнаула через станции Повялихинскую, Богатскую, Карайгалинскую на перекладных в Кузнецк, где ждала его невеста Мария Дмитриевна.

После обряда венчания появился на свет ниже прилагаемый документ с таким необычным названием:

«Обыск брачный № 17.
1857-го года февраля 6-го дня. По Указу Его Императорского Величества Одигитриевской церкви священно- и церковнослужители произвели обыск о желающих вступить в брак и оказалось следующее:
1./ Жених. Служащий в Сибирском линейном батальоне № 7 прапорщик Фёдор Михайлович Достоевский, православного вероисповедания, жительствует в Семипалатинске в приходе Богородской церкви.
2./ Невеста. Мария Дмитриевна, жена умершего заседателя, служащего по корчемной части, коллежского секретаря Александра Исаева, православного вероисповедания, жительствовал доныне в г. Кузнецке в приходе Одигитриевской церкви.
3./ Возраст к супружеству имеет совершенный и именно-жених тридцати четырёх лет, а невеста двадцати девяти лет, и оба находятся в здравом уме.
4./ Родства между ними духовного или плотского родства и свойства, возбраняющего по установлениям св.церкви брак, никакого нет.
5./ Жених холост, а невеста вдова после первого брака.
6./ К бракосочетанию приступают они по своему взаимному согласию и желанию, а не по принуждению, как жених, так и невеста родителей в живых не имеют.
7./ По троекратному оглашению, сделанному в означенной церкви, препятствий к сему браку никакого ни кем не объявлено.
8./ Для удовлетворения беспрепятственности сего брака представляются письменные документы: дозволение жениху от командира Сибирского линейного батальона № 7 от 1 февраля сего года за № 167-м

9./ *Посему, бракосочетание означенных лиц предложено совершить в вышеупомянутой Одигитриевской церкви сего месяца 5 дня в указанное время, при посторонних свидетелях.*
10./ *Что всё показанное здесь о женихе и невесте справедливо, в том удостоверяют своею подписью как они сами, так и по каждом поручатели, с тем, что если что окажется ложным, то подписавшие повинны за то суду по правилам церковным и законам гражданским.*

Жених, служащий в сибирском линейном № 7 батальоне прапорщик Фёдор Михайлович Достоевский.
Невеста, вдова коллежского секретаря Мария Дмитриевна Исаева.
Поручитель по невесте коллежский асессор Иван Миронов Катанаев.
Поручитель по женихе чиновник таможенного ведомства Пётр Сапожников.
Поручитель по женихе чиновник Кузнецкого училища учитель Николай Вергунов.
По невесте поручитель волости Нелюбинской государственный крестьянин Михаил Дмитриев Дмитриев же.
Обыск производили сей же церкви:
Священник Евгений Тюменцев.
Диакон Пётр Лашков.
Дьячок Пётр Углянский.
Пономарь Иван Слободский».

   Читатели обратили наверное внимание, что разрешение на бракосочетание было разрешено по Высочайшему повелению императора российского. В то время императором России был Александр II.
   После чтения этих документов невольно возникает вопрос. Как удалось ссыльному Ленину обойти эти щекотливые вопросы в документе с таким символическим название *«обыск».* Он тоже должен был озаботиться таким Высочайшим разрешением? Может быть Владимир Ильич и Надежда Константиновна обошлись без этих докучливых документов? А если они были, то возникает непреодолимое желание с ними ознакомиться.

   Участвующие в этом поиске томские краеведы Бургомистров и Геннадий Владимирович Скворцов сообщили: священник Евгений Тюменцев (1828-1893), выпускник Тобольской Духовной семинарии, погребен в ограде Кузнецкой Одигитриевской, Смоленской Божией Матери церкви, где по их мнению упокоился и диакон Пётр Лашков.
Каменная Одигитриевская церковь была построена в 1775-1780гг. Церковь двухярусная. Верхний ярус летний, нижний ярус зимний.
Верхний алтарь посвящался Смоленской Божией Матери. Нижний, зимний, где венчался Достоевский – святому Георгию Победоносцу. Церковь сгорела в 1919 году во время Гражданской войны. В 1920 году её каменный остов был разобран на строй материалы при строительстве Нового Кузнецка переименованного в Сталинск.
   В начале 20-х годов на Томском базаре в груде обёрточной бумаги было обнаружено Свидетельство о венчании Достоевского из разграбленного архива Томской Духовной Консистории. В журнале «Сибирская жизнь» № 20 за 10 октября 1904 года сохранилась фотография Кузнецкой Одигитриевской* церкви.

Примечание: Одигитриевскя церковь, во имя Одигитриевской иконы Божией Матери.
«Одигитрия» в переводе с греческого означает *«Путеводительница».*

Биографические сведения Лашковых, относящиеся ко времени создания советского государства и последующие годы, свидетельства той эпохи, когда в одной семье одни боролись за советскую власть, другие из этой же семьи были советской властью репрессированы.

Лашковы после Октября

В феврале 1944 года после кровопролитных боёв, воинская часть, в которой был капитан медицинской службы военврач Лашков, была на переформировании в городе Рыбинске.(см. **Фото**)
На одной из встреч военнослужащих с местным населением капитан Лашков познакомился с учительницей Лидией Гудковой. (см. **Фото**)
При расставании они поклялись не терять друг друга.

Треугольные письма с фронта и ответные открытки шли в обоих направлениях беспрерывно. После окончания войны они встретились и поженились.

Лидия Андреевна Гудкова родилась 20 марта 1921 года в деревне Воятицы, бывшего Мологского района Ярославской области в крестьянской семье.
(в советское время территория этого района была затоплена водами Рыбинского водохранилища). Деревня Воятицы была расположена на берегу реки Шексны, приток Волги.

Отец Лидии, Гудков Андрей Николаевич (1875-1930) до революции имел надел земли. В 1913 году купил в Воятицах пристань и был одним из 7 пайщиков владеющих небольшим пароходом. В середине 90-х годов он женился на Пелагее Петровне Шиповой (1877-34). Лидия (после войны 1941-45 гг. выйдет замуж за военврача Лашкова) была младшей из шестерых детей. У старших детей Гудковых были уже свои семьи. Старшая дочь Мария, в замужестве Козлова, принимала большое участие в воспитании младшей Лидии. Она своих детей не имела, и стала для неё крёстной матерью.

Осенью 1930 года в деревне началась коллективизация. Семьи Гудкова и Козлова были раскулачены с полной конфискацией принадлежащего им имущества и подлежали выселению.

Андрей Николаевич Гудков, отец Лидии был арестован и сослан на Соловки, но до места ссылки он не доехал и умер по дороге. Его старшую дочь Марию Андреевну Козлову сослали на 4 года в Казахстан. Местом её ссылки было бывшее военное поселение *«Верный»*, в советское время переименованное в Алма-Ата, (поначалу туда ссылали многих не угодный советской власти, в том числе и раскулаченных, а позднее сделали столицей Каз.ССР).

Мать Лидии Пелагея Петровна смогла скрыться из деревни.

Мужа старшей дочери Анны арестовали и отправили в ссылку, Трёхлетнюю Валю и малолетних детей Гудковых: Александра, Сергея и Лиду приютила у себя жена старшего брата Ивана. С её помощью малолетние дети раскулаченных смогли выжить.

Позднее они нашли бабушку Пелагею Петровну. Остатки семьи объединились, но жить им пришлось в невероятно тяжёлых условиях Умерла маленькая Валя, заболели туберкулёзом и умерли бабушка Пелагея Петровна и её старшая дочь Анна.

Когда Мария возвратилась из казахстанской ссылки, они с мужем решили Лиду удочерить. Мария Андреевна Козлова стала матерью для Лиды и любимой бабушкой для её детей. Она умерла в 1988 году в возрасте 90 лет и похоронена на кладбище посёлка Рощино.

Накануне войны в1940 году Лидия Гудкова окончила среднюю школу и поступила в Ленинградский стоматологический институт. Но вначале 1941 года вернулась в Рыбинск и стала студенткой-заочницей Ярославского учительского института. Всю войну она работала в школе учительницей истории и физкультуры.

В октябре 1945 года она вышла замуж за военврача Кирилла Владимировича Лашкова.

(см. Фото) В 1946-51 гг.она находилась по месту службы мужа, в польском городе Легнице, работала в школе –интернате для детей советских военнослужащих и в библиотеке Дома офицеров.

После возвращения воинской части, где служил военврач К.В.Лашков, на родину она следовала за ним и работала учительницей. Позднее до выхода на пенсию преподавала в школах Выборгского и Калининского районов Ленинграда. У них двое детей Владимир и Ирина.

Сын Владимир Кириллович родился 26 декабря 1946 года в городе Легнице (Польша). Среднюю школу окончил в Ленинграде и Ленинградский институт культуры. Работал инженером в отделе научно-технической информации и патентоведения Главной геофизической обсерватории имени А.И. Воейкова.

Дочь Ирина Кирилловна родилась 20 января 1952 года в городе Рыбинске. После окончания средней школы в Ленинграде, училась на географическом факультете Ленинградского государственного университета. Специалист по климатологии ветра, максимальным скоростям ветра редкой повторяемости, ветровым нагрузкам, ветроэнергетическим ресурсам. Кандидат географических наук, старший научный сотрудник, действительный член Русского географического общества. Замужем, имеет сына Кирилла и внука Максима.

Отец Лашкова Кирилла Владимировича Лашков Владимир Иванович родился в Омске, окончил 6 классов гимназии, работал служащим в Управлении Сибирской железной дороги в Омске.

В 1914 году был призван в армию и в чине прапорщика принимал участие в 1-й мировой войне. В 1916 году в связи с болезнью вернулся в Омск, служил в запасном полку.

В 1917 г. уволился из армии и работал в Управлении Сибирской железной дороги. Осенью был мобилизован в колчаковскую армию. Служил в органах военных сообщений. В конце 1919 г. Перешёл в Красную Армию, в рядах которой находился до лета 1921 г.

С конца 1921 г. по 1933 г. работал в учебной части Омского медицинского института.

В мае 1933г.был арестован и осуждён тройкой ОГПУ к 5-и годам лишения свободы. Отбывал срок на строительстве Байкало-Амурской железной дороги, в БАМЛАГЕ.

В апреле 1936 года освобождён и вернулся в Омск.

В 1946-41 гг. работал делопроизводителем в областной детской больнице. В конце 1941 года для эвакуированных в Омск, насильно освобождались жилплощади, неугодных принудительно выслали из Омска.

Владимир Иванович Лашков с женой оказались в селе Молотово (ныне Иртыш) Омской области, где он работал в районной больнице. Умер летом 1942 года от туберкулёза.

В мае 1957 года постановлением Президиума Омского областного суда, был полностью реабилитирован за отсутствием состава преступления.

Прокуратура Российской Федерации
Прокуратура Омской области
17.02.98 г.
Справка
О признании пострадавшим от политических репрессий

Выдана гр-ну Лашкову Кириллу Владимировичу, 1921 года рождения в том, что постановлением Тройки ОГПУ по Запсибкраю от 17 мая 1933 года его отец Лашков Владимир Иванович осуждён по ст. 58-2, 58-11 УК РСФСР был заключён в ИТЛ на 5 лет.
Реабилитирован Постановлением Президиума Омской областной прокуратуры 10 мая 1957 г.
В соответствии со ст.ст. 2-1 Закона РСФСР от 18 октября 1991 г. «О реабилитации жертв политических репрессий».
гр. Лашков Кирилл Владимирович
считается пострадавшим от политических репрессий.
Основание: заключение прокуратуры области 16 февраля 1998 г.
Заместитель прокурора
Омской области
Ст. советник юстиции (подпись)
и печать

Мать К.В. Лашкова-Мария Васильевна Лашкова родилась в 1891 году, была младшей дочерью в большой семье Серковых. Окончила в Омске гимназию, работала на железной дороге служащей сборов.
В 1917 году вышла замуж за офицера В.И. Лашкова. Пережила все тяготы Гражданской войны и послевоенной разрухи, тяжёлое рождение сына, арест и ссылку мужа. В 1941г вслед за мужем была принудительно выселена в село Молотово. После смерти мужа жила в Рыбинске и в Москве у родных. В 1964 г. переехала в Ленинград к семье сына. Умерла в 1972 г.

Прокуратура Российской Федерации
Прокуратура Ярославской области
29.04.94 г.
Справка
о признании пострадавшей
от политических репрессий
Гр.Лашкова Лидия Андреевна
Год и место рождения – 20.03.1921 г. в дер. Воятицы Мологского района Ярославской области,
являющаяся дочерью
гр. Гудкова Андрея Николаевича 1874 г.р.
репрессированного 22.04.1931г. постановлением тройки при ОГПУ по Ивановской промышленной области по ст. 58-10 УК РСФСР и высылке в Северный Край на 3 года
реабилитированного 26.10. 1989 года заключением прокурора Ярославской области
На основании п.2.ст.2-1 Закона РФ от 18.10.1994 года «О реабилитации жертв политических репрессий» признаётся пострадавшей от политических репрессий.
Первый заместитель прокурора области
старший советник юстиции (подпись) И. Н. Соловьёв печать

Фото: *Кирилл Владимирович Лашков, с женой Лидией Андреевной и сыном Владимиром.*

В жизни бывают такие события, которые нарочно не придумаешь. А если и придумаешь, то выдуманные приключения не будут вписываться в сюжет романа из-за своей неправдоподобности. Приведу одну историю для примера.

Много лет я занимался краеведением. И приходилось мне слышать самые невероятные вещи. Но рассказ придуманный отличается от события действительного. И это сразу становится заметным. Некоторые собранные мною материалы, годами лежали в моих домашних архивах. Ждали своего часа. А для недоверчивых редакторов приходилось искать подтверждающие архивные документы. И тогда получался документальный очерк. И поэтому десятки моих историко-краеведческих очерков ни кем и никогда не были опротестованы, несмотря на острые сюжеты.

Например. Совершенно случайно занялся я историей жизни и гибели Габченко последнего атамана казачьей станицы Котуркульской.

Один из местных художников взялся рисовать картину о зверствах атамана. Я поинтересовался на каких материалах пишет он масляными красками это большое полотно. Оказывается он берёт сведения из книги местного автора. Знаю я эту книгу. В ней зверства атамана описаны весьма красочно. Ну, а где писатель взял эти данные? В ответ молчание. И посоветовал я художнику пока с картиной не спешить. Попробую найти документальные подтверждения. В результате моего поиска появился очерк опубликованный в двух номерах районной, потом в областной газете и наконец в Ленинграде, где работал и погиб сын честного атамана Георгий Габченко, сотрудник академика-генетика Вавилова, разделивший с ним его горькую судьбу.

Однажды в разгаре перестройки открылся один архив, с документальными подтверждениями. Картину художнику пришлось перерисовывать. А тема последнего атамана станицы Котуркульской не оставляет меня в покое. Не знал я тогда, что занимаясь в архиве судьбой атамана Габченко, я держал в руках историю своих предков! Илларион Волков казак из сотни атамана Габченко, воевавшей на сопках Маньчжурии, отец моей бабушки Анастасии Илларионовны из семьи Котуркульского казака Волкова. Это тщательно скрывалось в семье Дубовицких. Почему? Из-за восстания казаков против советской власти в 1921 году.

Известное в советской истории, как Ишимско-Петропавловсое эсеро-кулацкое восстание. И тема казачьей станицы на этом для меня не закончилась. Самое невероятное случилось в 2011 году. В надежде отыскать следы своего пропавшего архива, побывал я в России. Посетил несколько городов. Обратный мой путь был через Петербург. Гостиницы, рестораны, такси не для меня. Езжу и живу по-студенчески. Как я попал в квартиру современной многоэтажки к внуку найденной мною землячки, можно написать отдельный очерк, ничего сочинять не придётся. Приютил меня внук в необычной квартире. Трёхкомнатную квартиру хозяин сдаёт троим отдельным жильцам. Арендуют молодые люди парни и девушки и все не родственники, но живут так дружно как одна семья. Кухня у них общая. Холодильник один. Вечерами собираются за одним большим столом на кухне. Две девушки занимают одну комнату. К одной из них приехали родители. Встретились за вечерним чаем. Разговорились. Они из Челябинска. Не в первый вечер вдруг выясняется, что они из Казахстана. Слово за слово и...они из Котуркуля... И по именам могут назвать половину станицы. Габченко для них чуть ли не родня! Надо было приехать мне и им в одно и то же время в Петербург. И в тот вечер встретиться на кухне за вечерним чаем! И это ещё не всё. В прошлом году получил через интернет письмо. Женщина в интернете увидела что я занимался историей Габченко, а они родственники. Оказалось что у Георгия сына атамана в Ленинграде была вторая семья. Об этом не знали дети атамана, с которыми я встречался в Казахстане. Живут дети и внуки этой второй семьи в Вильнюсе. У них альбомы с фотографиями и сохранилось много документов Георгия Габченко.

В истории Лашковых-Серковых-Ивачёвых достаточно острых сюжетов, которые нарочно не придумать. Потому что это реальная жизнь со всеми её крутыми поворотами и зигзагами. Это относится к биографиям Кирилла Владимировича Лашкова и Лидии Андреевны Гудковой. У них много жизненных совпадений.

Фото: *Дочь Лашковых, Ирина Кирилловна*

Судьба родителей и детей. В те советские годы о репрессированных предпочитали не упоминать. И несли эту тяжкую ношу через всю свою жизнь, понимая, что родители осуждены не правильно, фактически ни за что. При пересмотре дел это так явно, что и пересматривать в делах репрессированных нечего. Нет состава преступления и не было.

И формальная справка из прокуратуры не снимает вины с тех кто создал это режим, погубил несчётное количество людей и искалечил жизни оставшимся на свободе.

Старинная открытка. Озеро в алтайских горах

12/. Серковы - Ивачёвы - Лашковы

Серкова-Анна Андреевна сестра Павла Андреевича Ивачёва и жена Василия Константиновича Серкова. Мария-дочь Василия Константиновича и её письмо Марии Павловне дочери Павла Андреевича Ивачёва. Стихи и проза. Ирина Кирилловна Лашкова, дочь автора этой книги Кирилла Владимировича Лашкова, и её участие в подготовке этой книги в печать.

Анна Павловна Ивачёва (1849-1932)
замужем за Василием Константиновичем Серковым (1846-1921), который в «*Прошении*» Воротникова и Сыромятникова назван нигде не работающим зятем Управляющего*
В этой семье было девять детей:Пётр, Екатерина, Николай, Анна, Елизавета, Клавдия.. Мария, Василий и Павел. Старшая в семье Екатерина (1871-1944) младший Василий (1896-1920). Все были при деле. Иначе в тех условиях такая семья выжить не могла. В семье Серкова Василия Константиновича и у Анны Павловны была пасека. Дарами этой пасеки пользовались все родственники: Серковы, Ивачёвы и Лашковы. Пасека стояла в лесу на «Ручьёвском косогоре». Сын Серковых Николай Васильевич (1879-1958) был врачом и всю жизнь совмещал врачебную деятельность с пчеловодством.
Василий Константинович Серков был крестным отцом Марии, дочери Павла Андреевича Ивачёва. Это сближало их ещё и духовно. И не только взрослые, но дети из семьи Серковых, Ивачёвых и Лашковых сохраняли дружеские связи на долгие годы. Многие пережили революцию, гражданскую войну, Великую Отечественную и в послевоенные годы встречались. Таланта им было не занимать. Они переписывались стихами. Приведу отрывки из письма послевоенных лет двух бабушек:
Мария Васильевна, дочь Василия Константиноваича Серкова пишет письмо Марии Павловне Ивачёвой-Веспе дочери Ивачёва Павла Андреевича Управляющего Колыванской шлифовальной фабрикой.

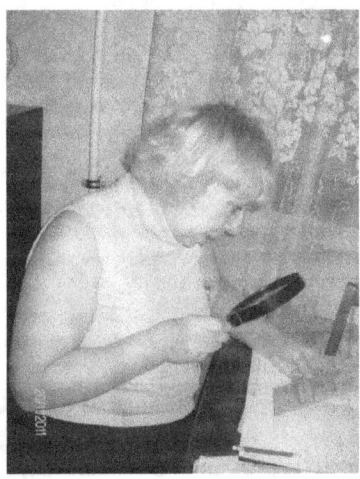

Фото: Ирина Кирилловна Лашкова рассматривает архивные бумаги.

« *Ленинград с Москвой,*
Словно брат с сестрой
Я люблю города
И тот и другой»
У бабушки Серковой это- эпиграф к стихотворным строчкам собственного сочинения для подруги детства Марии Павловне Ивачёвой.

«Милая Манечка! Спасибо за письмо, спасибо за стихи.
Я очень рада, что мы с Нюрочкой побывали в Ленинграде, после чего мы стали, как будто ближе к вам. Невольно вспоминается милое счастливое детство в Колывани, где так беспечно вместе с

Серковятиками и *Ивачатиками* проводили в играх время. Невольно вспоминается природа и все окрестности Колывани:
*И Синюха величавая гора,
То горда,
То кокетливо нежная,
Порою вуалью и дымкой одетая,
Смотрит в озеро белое.
С облаками знакомая
Всеми нами любимая.
Там бывает теперь
Любя природу,
Много народу.
Но она молчаливая верная
Ни кому не расскажет
Про наши проказы.
А пасека милая
На Ручьёвском косогоре!
Не знали мы горе,
Кувыркаться порой
По дороге плохой.
А скала Очарованная
Стоит как заколдованная...*
***

Примечание:
Анна Васильевна по-домашнему Нюрочка (1889-1979) дочь Василия Константиновича Серкова и Анны Павловны Ивачёвой сестры П.А. Ивачёва управляющего фабрикой
Клавдия Васильевна* (1885-1969) сестра Анны Васильевны.
Елизавета Васильевна* (1883-1948) сестра Анны Васильевны и Клавдии Васильевны.
Николай Васильевич*-сын Василия Константиновича Серкова

К этому коротенькому письму прислала комментарий Ирина Кирилловна Лашкова внучка бабушки Марии Васильевны Серковой и дочь Кирилла Владимировича Лашкова, одного из авторов этой книги:
 «*...Это черновик письма моей бабушки Марии Васильевны. Всё что осталось от её переписки с двоюродной сестрой Марией Павловной Ивачёвой-Веспе. Они обменивались в письмах стихами собственного сочинения. Кажется это было в 1956 году.
В то время моя бабушка жила в Рыбинске, но часто ездила в Москву и гостила у своих сестёр Анны Васильевны* (Нюрочки) и у Клавдии Васильевны*. Так же приезжала в Ленинград и встречалась с сёстрами Ивачёвыми. Сёстры Серковы дружили с сёстрами Ивачёвыми ещё с детства в Колывани.
Детей Серковых они шутливо называли «Серковятиками», а Ивачёвых «Ивачатиками».
У Серковых была своя пасека на «Ручьёвском косогоре», куда ездили всем большим семейством вместе с Ивачёвыми. Пчёлами занимался Василий Константинович Серков. Возможно пасека была совместная.
Любовь к пчеловодству передалась сыну Николаю Васильевичу. Он был врачом, но в течении всей своей жизни занимался пчёлами. Пасека была так же у Ливановых. Ливанов (1883-1948) муж Елизаветы Васильевны* Серковой-Ливановой.*»

Примечание:
В своём «*Прошении*»* фактически это было нечто между жалобой, сочинением на вольную тему и доносом на Управляющего Колыванской шлифовальной фабрикой П.А.Ивачёва. Авторы, Колыванские старожилы Воротников и Сыромятников пишут о «*Серкове неработающем зяте управляющего*» Из приведенных выше сведений о многодетной семье упрекать В.К.Серкова в том, что он не работает, по тем дореволюционным временам некая бессмыслица. И странно «*Прошение*», написанное в 1893 году по своему содержанию и терминологии соответствует советским доносам. Ибо, только в Советском Союзе неработающих, ссылали на Соловки, сажали в тюрьма и отправляли в лагеря. Неработающий это-тунеядец. И его надо наказывать. В советское время, был осуждён «*тунеядец*» неработающий поэт Иосиф Бродский. И не только он один. Добрый дедушка Ленин объявил всему миру «*Кто не работает. Тот не ест*»

и засучил рукава принялся работать, то-есть искоренять, *«родимые пятна капитализма»*. Что из этого получилось теперь всему миру известно.

Поэт Бродский отсидев что ему было положено по советским законам, эмигрировал за границу. И за свои литературные произведения стал Лауреатом Нобелевской премии, оставаясь при этом по советским меркам тунеядцем.

Если бы Василий Константинович Серков эмигрировал в США, то лауреатом Нобелевской премии он бы не стал, а доживи до советской демократии, лагерь ему за тунеядство, где-нибудь на Колыме, или в Норильске, за колючей проволокой, был обеспечен.

И совершено непонятно, как заслуженный писатель Алтайского края А.М..Родионов с 1986 года не устаёт цитировать безграмотные тексты «Прошения» из далёкого прошлого, выдавая их за некий документ.

Фото: Владимир Кириллович Лашков, перепечатывает на пишущей машинке рукописи отца.

Привожу выдержки из писем Ирины Кирилловны, связанных с Колыванской темой.
«Из воспоминаний Марии Васильевны Лашковой»
Моя бабушка со стороны матери, Прасковья Николаевна Ивачёва (в девичестве Куртукова) жила в Колывани. Она рано овдовела. На руках у неё остались семеро родных детей и пасынок Васенька. Парней было пятеро: Костенька, Лёвушка, Пашенька. Петенька, Ванюшка и две девочки:Аннушка (моя мамочка) и Сашенька.
Бабушка жила своим хозяйством и имела пасеку.
По хозяйству ей помогал Костенька. Он семьи не имел. Никогда не женился и почти всё лето жил на пасеке. Бабушка за умершего мужа Андрея Васильевича Ивачёва, получала пенсию по тем временам неплохую.
Мальчики учились в Колыванской школе, а кто имел желание и способности учились на казённый счёт в Барнауле, как дети мастера служившего на фабрике. Павел и Пётр имели возможность получить высшее образование, Павел окончила Академию художеств, Пётр Технологический институт, Лев окончил только Горное училище в Барнауле.
Девочек по тем временам не учили. А наша мамочка научилась читать и писать от своих братьев. Они готовили домашние задания и попутно занимались с ней.
Сестра Саша рано вышла замуж и вскоре умерла от туберкулёза, оставив сына Кольку Курочкина, впоследствии приятеля нашего брата Петра Васильевича. Они вместе учились в Барнауле.
Семья у бабушки Прасковьи Николаевны была большая, а у её сестры Ольги Николаевны детей не было. И она часто просила Прасковью,что бы она дала ей ребёнка на воспитание. Жалко было бабушке отдавать своего кровного ребёнка, но отказать она не могла. Отдали Петьку. И отвезла Ольга Николаевна нашего Петьку к себе. Но Петька у тётки жить не смог. Не понравилось ему у неё жить. И он сбежал. Нашёл на базаре мужика из Колывани, и попросился довезти его в Колывань. Назад Петьку решили не отправлять. Оставили дома. Теперь ехать к тётке выпало на долю Аннушки, моей

мамочке. Аннушка была тихого нрава и покладистого характера, не то что братец Петька упрямый и строптивый. Так и осталась Аннушка жить у тётки. Лишь изредка приезжала домой повидаться с родными. И жила у родной тётки до замужества.(А вышла она замуж за Павла Андреевича Ивачёва)

Дядя, Данила Васильевич, муж Ольги Николаевны, служил приставом в «Сростинской» лесосеке. Это где Семипалатинский бор соединяется с Барнаульским, откуда и название «Сростинск». Они жили в селе «Сросты»* у озера «Горькое Перешеечное». Местность не всё глухой лес, была и степь. По словам мамочки там на полях было много клубники, что её возами возили домой и сушили на зиму. Варенье не варили. Сахару не было. Но зато было много мёда.

Местные жители жгли уголь. Для этого получали от пристава делянки, вырубали лес и особым способом его сжигали. Получали уголь который увозили на продажу. Этим и промышляли. Дядя Данила Васильевич жил богато. Кладовые у них были всегда наполнены всякой снедью. Ольга Николаевна часто повторяла: «Я хозяйка была. Я экономка была!» Но дядя до старости не дожил. Его сломила какая то болезнь.

Примечание:
Сросты село Сростки*- На месте бывшей деревни Сросты, вырос город Сростки, известный на территории России. В этой деревне родился В.М. Шукшин, (1929-1974) писатель, режиссёр и актёр.

После его смерти тётушка переехала в Змеиногорск. Пенсию за мужа получала, но очень маленькую

В Змеиногорске она жила в своём доме и нашла жениха своей воспитаннице. К этому времени Аннушке исполнилось 19 лет. Её жених Василий Константиноваич Серков. Мой отец. (1846-1921) На этом Мария Васильевна Серкова закончила своё первое повествование.

Во втором повествовании принимали участие и остальные родственники, но тексты, которые последует ниже, готовила и прислал Ирина Кирилловна, дочь Кирилла Владимировича Лашкова.

О том что среди родственников Серковых был врач мне приходилось слышать. Я стал расспрашивать подробнее. Ирина Кирилловна ответила на мои вопросы и прислала письмо, заметив мимоходом, что у нас у всех такие судьбы что хоть романы пиши. Но вот посудите сами. Речь пойдёт о родном дяде Кирилла Владимировича

Николай Васильевич Серков (1879-1957)

Николай Серков родился в Колывани 6 мая 1879 года. Отец Василий Константинович хотел иметь в семье священнослужителя и способного мальчика отправил учиться в Барнаул, в Духовное училище. После училища Николай продолжил обучение в Духовной Семинарии. Однако против воли отца решил стать врачом и получил медицинское образование в Томском университете.

После окончания учёбы стал работать врачом в древне *«Красный Яр»* расположенной неподалеку от Колывани. Место работы он выбрал по рекомендации родных и женился на Марии Николаевне Марсовой. Венчался в той же церкви в *«Красном Яру»*, где венчались его дедушка и бабушка. В 1908 году у них родился сын Анатолий.

Николай Серков отличался любовью к живой природе, занимался пчеловодством, которому обучился в юные годы в Колывани. И на новом месте, неподалеку от деревни построил избушку, поставил несколько ульев и с удовольствием занимался пчёлами.

Но деревенская замкнутая жизнь не удовлетворяла молодого врача Серкова. В 1912 году Серковы переехали в Омск. На новом месте он опять развёл пчёл, получил место врача в тюрьме и стал заниматься частной практикой по глазным болезням.

В 1916 году неподалеку от Омска приобрёл дачу, где держал своих пчёл. Но в 1917 году дачу конфисковали. Из тюремного ведомства он ушёл и поступил на работу в омскую психиатрическую больницу. Проработал там недолго. В 1918 году был мобилизован в колчаковскую армию для работы в госпитале.

После вступления Красной Армии в Омск, врач Серков у новой власти был вне подозрения, репрессиям не подвергался и активно включился в восстановление городского здравоохранения. В 1919-20 гг. он в качестве санитарного врача горздравотдела возглавил борьбу с эпидемиями сыпного и возвратного тифа и других инфекционных болезней свирепствующих в то время в Омске.

В мирное время врач Николай Васильевич, превратил небольшой участок обычного омского двора в зелёный цветущий оазис.

На ухоженном садовом участке у него росли редкие для Омска цветы и ягоды, стояли ульи и он содержал ещё и породистых кур.

В 1920 году его постигло несчастье умерла жена. Сыну исполнилось 12 лет. И Николай Васильевич решил жениться. Подходящей кандидатурой для него показалась немка Магдалина Ивановна, воспитательница (бонна). Рекомендовал её знакомый врач Татура. Однако молодая жена оказалась непригодной к семейной жизни и они через три года развелись.

Вначале 30-х годов он женился на Александре Ивановне Тихомировой. Она была зубным врачом.

В начале 30-х годов Омск, как и всю страну, захлестнула волна репрессий. Некоторые факты из жизни Николая Васильевича Серкова делали его возможным кандидатом для ареста. Сын торговца, бывший тюремный врач, служба у Колчака... И они с женой решили покинуть Омск. Переехали в сельскую местность на земли немецкого колхоза «*Красный путь*». Приобрели там домик с садом и огородом.

Местное начальство узнав что на территории немецкого колхоза поселился врач, способствовали открытию в доме доктора Серкова амбулатории и в помощь ему выделили двух медицинских сестёр и санитарку. Доктор Серков скоро стал уважаемым человеком в немецкой среде и когда в 1935 году у него умерла жена, местные немцы с большим сочувствием выразили ему своё соболезнование и приняли участие в её похоронах.

Гроб с телом покойной установили на старинный тарантас и провожающие в тёмных одеждах с пением псалмов двинулись на кладбище. Этой траурной церемонии был свидетелем Кирилл Владимирович Лашков прибывший на похороны.

Доктор Серков много лет работал в своём доме–амбулатории. Рядом с домом у него был большой плодово-ягодный сад. В нём росли яблони, груши, сливы, вишни, смородина, возделывались грядки с овощами, было много цветов и пасека.

В конце своей жизненного пути Николай Васильевич взял себе в жёны вдову колхозницу-немку Марту Карловну Шварц.

Как вспоминал о нём К.В. Лашков: «*Николай Васильевич питал больше склонности к выращиванию растений, пчеловодству, животноводству, больше чем к занятиям медициной. Не случайно он не ограничился в здравоохранении узкой специальностью: он работал и офтальмологом, и психитром, и санитарным врачом, а больше всего врачом общего профиля то-есть терапевтом. Не хочу бросить тень на его врачебные знания и опыт, и всё же уверен, что в душе он был прежде всего любителем природы, естествоиспытателем, селекционером. Мне глубоко импонирует в людях такая широта интересов и знаний, постоянная любознательность, прививавшиеся в прошлом времени университетским образованием*».

Николай Васильевич Серков прожил среди немцев четверть века. А когда он в 1957 году умер, то на его похороны приехали из Омска много немцев в траурных одеждах. Прибывший с ними глава общества пресвитер, произнёс на немецком языке надгробную речь с большим вниманием выслушанную всеми присутствующими.

Печальная церемония отразила глубокое уважение, которое заслужил доктор Николай Васильевич своей честной работой и образом жизни у жителей немецкого колхозного населения.

Лидия Андреевна Лашкова и Кирилл Владимирович родители Ирины Кирилловны, встречались с сёстрами Павла Андреевича Ивачёва, когда они после эвакуации вернулись в Ленинград. В 1954 году им дали комнату в коммуналке на Васильевском острове. В записках отца Кирилла Владимировича есть упоминание об этой встрече. Ирина Кирилловна приводит текст полностью:

«Разыскали на Васильевском острове двоюродных сестёр нашей матери, «легендарных» Риточку и Танечку, о которых был наслышан с детства. В то время им набежало уже за 60 . Но они оказались довольно подвижными, милыми, интеллигентными, но одинокими женщинами. И тут я услышал от Риточки, старшая из сестёр, семейное предание о роде Лашковых. Их мать Анна Аполлоновна была двоюродной сестрой моего отца. Позднее следуя этому преданию, я смог составить нашу родословную».

В 1955 году у Маргариты Павловны произошёл инсульт. У неё был правосторонний паралич и утрата речи. Кирилл Владимирович оказал ей помощь и поместил её в неврологическое отделение. В1956 году Маргарите Павловне исполнилось 70 лет. Лашковы были на встрече с сёстрами. На этой встрече был брат Аполлон Павлович Ивачёв с женой и две родственницы по линии Серковых. Все они были из старшего поколения и годились мне в родители. С раннего детства они жили и учились в Томске, Петергофе и в Петербурге. Учились в хороших учебных заведениях, высшего образования не имели, но были настоящими интеллигентами. Татьяна и Маргарита жили в то время вдвоём У Марии был муж. Аполлон имел жену. Но детей у них не было»

Весной 1968 года Лашковы получили квартиру на Гражданском проспекте. Перевезли к себе бабушку Марию Васильевну. До этого она жила на даче в Рощино. Теперь в городскую квартиру приходила её навещать Татьяна Павловна. В 1972 году 29 сентября Мария Васильевна умерла. Татьяна Павловна была на похоронах и на поминках. Пережила она свою двоюродную сестру только на три месяца.

«В январе 1972 года умерла последняя из двоюродных сестёр матери Татьяна Павловна Ивачёва. Она одиноко жила на Васильевском острове. Часто жаловалась на сердце. И однажды скоропостижно скончалась.

Из Ивачёвых остался только их младший брат Аполлон. Сёстры называли его «пончик» уменьшительное от «Аполлончика». *В то время ему было 75 лет. Он был сухощав. Строен и достаточно активен. В эти годы я познакомился с ним поближе. Он жил в Смольнинском районе около музея Суворова. Я бывал у него. Он занимал с женой квадратную комнату в коммунальной квартире ещё с двумя жильцами.*

Аполлон Павлович был истинным петербуржцем, интеллигентом и профессиональным военным. В 1915 году после окончания Петергофской гимназии, он поступил в артиллерийское училище и около сорока лет провёл на военной службе. Участвовал в германской войне, потом оказался в Белой армии, был взят белыми в плен и использован ими в качестве военспеца. В составе11-ой армии участвовал в установлении советской власти на Кавказе.

После окончания Гражданской войны продолжал служить в артиллерии, стал преподавателем. Благополучно пережил 1937 год. Воевал в Финскую войну. За корректировку с аэростата стрельбы орудий особой мощности, был награждён орденом Боевого Красного Знамени.

В последующие годы он в основном занимался усовершенствованием командиров артиллеристов.

Из бесед с Аполлоном Павловичем я узнал много нового о его семье. В частности о старшем брате Николае, который будучи студентом-политехником, в годы германской войны поступил в военно-морское инженерное училище в Кронштадте, которое окончил летом 1919 года и получил назначение механиком на эсминец «Гавриил». Корабль вскоре участвовал в обороне Кронштадта от нападения английских торпедных катеров. В октябре 1919 года, в составе 4-х эсминцев был направлен на постановку мин в Копорском заливе. Операция была плохо подготовлена, проводилась без тральщиков. И три их четырёх эсминцев, в том числе и «Гавриил», подорвались на минах. Из команд этих кораблей спаслось немногие.

Николай Ивачёв погиб. В 1989 году я разыскал в Военно-морском архиве материалы об этой трагедии и личные данные о своём дальнем родственнике.

Аполлон Павлович передал мне ряд документов, в частности книгу написанную его отцом Ивачёвым Павлом Андреевиче о Колыванской шлифовальной фабрике.

Так пополнились мои знания о б алтайских предках».

Вот так по крупицам, годами, десятилетиями собирались сведения о наших славных предках. И постепенно семейные архивы сосредоточились в ленинградской семье Лашковых и в карагандинской семье Дубовицких.

Фото: Протоиерей Аполлон Лашков в Колывани с внуками: Маргарита, Мария. Татьяна, Николай и Аполлон.

Повторюсь, Ивачёв Павел Андреевич управляющий Колыванской шлифовальной фабрикой и позднее главный мастер Петергофской гранильной фабрики женат на Анне Аполлоновне Лашковой. Она дочь протоиерея Аполлона Лашкова.

Мой прадедушка Ивачёв Лев Андреевич родной брат Ивачёва Павла Андреевича.

У Кирилла Владимировича Лашкова двойное родство с Ивачёвыми. Родная сестра Павла Андреевича Ивачёва, Анна Андреевна в замужестве Серкова, приходится бабушкой Кириллу Владимировичу Лашкову. А отец К.В.Лашкова Владимир Иванович -племянник протоиерея Аполлона Лашкова, дочь которого замужем за Павлом Андреевичем Ивачёвым.
Что бы разобраться в этих родословных надо иметь перед собой родословную, что я и делаю каждый раз.

Составлять родословные мне приходилось при работе над книгой «*У последнего приюта*» изданную в 2006 году и переизданную в 2008 о православном кладбище в Висбадене.
В 2010 году книга издана в Петербурге под названием «*Русский некрополь в Висбадене. Петербург-Висбаден-Нероберг*». За 150 лет существования кладбища, это первый справочник-путеводитель. Осилить эту трудоёмкую работу ни кому до меня не удавалось. На расшифровку только эпитафий с полуразрушенных надгробий у меня ушло более двух лет. Рукопись была готово в конце 90-х годов, но я не находил издателя. А если находил, то книгу в печать не брали. Говорили: *А кому это теперь нужно?*.

Но времена изменились. Оказывается такие сведения о прошлом даже очень нужны! Как сказал Александр Сергеевич Пушкин:
«Два чувства равно близки нам,
В них обретает сердце пищу:
Любовь к родному пепелищу,
Любовь к отеческим гробам».
Лучше сказать невозможно. Поэтому книга *«Русский некрополь в Висбадене. Петербург-Висбаден-Нероберг»* изданная в Петербурге разошлась в Петербурге и в Москве мгновенно.
В городе Висбадене эта книга то же имела большой спрос. И не мудрено. Когда в 1991 году я впервые оказавшись в Висбадене пришёл в Церковь, воздвигнутую как усыпальницу для великой княгини Елизаветы Михайловны, племянницы царя Николая I,

и посетил пустынное кладбище, то у меня сердце затрепетало от одних только имён известных каждому жителю России, ещё со школьной скамьи.

Кюхельбекер Ульяна Карловна-сестра декабристов Михаила и Вильгельма Кюхельбекеров, (судьба её не известна была даже составителям Пушкинской энциклопедии). То же самое можно сказать о Никите Всеволжском, лучшем друге Пушкина и многих других, которых я увидел при первом посещении кладбища. Султанов Николай Владимирович архитектор Петергофской церкви Петра и Павла и разрушенного большевиками памятника-мавзолея Царю Александру II на территории московского Кремля. Светлейшие Ольга и Георгий. Они Дети Александра II и светлейшей княгини Е. Долгорукой. Забытый на родине русский художник-экспрессионист Алексей Явленский. Контр-адмирал русского флота Алексей Иванович Бутаков, который не побоявшись царского гнева взял ссыльного Тараса Шевченко в свою Аральскую экспедицию, где художник и поэт мог не опасаясь огласки и стукачей рисовать великолепные акварели и сочинять свои вирши.

Веневитиновы. Вилламов. Графиня Воронцова-Дашкова, урождённая Шувалова. Глинка Николай Дмитриевич, отнюдь не родственник композитору, как это распространяют доморощенные экскурсоводы. У него родство с семейством Кюхельбекерей. Княгиня Голицына. Август Гримм-воспитатель царских детей. Иван и Юлия дети генерал-майора А.А. Иосса, который устанавливал металлический каркас на шпиле Петропавловского собора взамен деревянного. Комаровские. Корфы, те самые имеющие родство с Модестом Корфом лицеистом, который учился вместе с А.С. Пушкиным. Лачиновы. Люитгенс Мария Павловна, урождённая Балк-Полева. Она вдова Ишки Мятлева. Того самого, которого в своё время знал весь Петербург за его стихи о «Мадам Курдюковой». Его любили слушать и Пушкин и Лермонтов. Марков Николай Евгеньевич, тот самый из 3 и 4 Государственной Думы дуэлянт и скандалист пытавшийся в Думе мордобоем бороться за спасение России. Мартынов Михаил Соломонович. Он брат Николая Мартынова, поднявшего руку на лучшего поэта России. Меншиковы. Мусины-Пушкины, Николай и Екатерина у них родство с Гончаровыми, о чём даже не знал сам А.С. Пушкин. Сёстры Набоковы Надежда и Софья. У них родство с писателем В.В.Набоковым, который прославил себя на весь мир написав «*Лолиту*». Репнин, из знаменитого рода князей Репниных. Скоропадская Екатерина Петровна, отнюдь не мать, а бабушка для последнего украинского гетмана Павла Петровича Скоропадского. НКВД охотилась за ним многие годы и потеряли его след во время бомбёжек Берлина. О чём оповестили весь мир в своих справочниках и энциклопедиях, похоронив бывшего гетмана Скоропадского, под разрушенным зданием. А он не погиб. Был эвакуирован в Баварию и скончался в госпитале при отсутствии должного медицинского ухода. Чертковы. Академик Янжул Иван Иванович. И многие другие.

Среди похороненных много молодых людей и детей. В то время водолечением лечили все болезни. Германия славилась своими минеральными источниками. Из России везли больных в надежде на излечение. Помогало, но не всем. Чахотка, так называли в то время туберкулёз, была распространённым заболеванием, и находила свои жертвы в убогих хижинах и во дворцах. Но водолечением туберкулёз излечить нельзя. Поэтому множились могилы на русском православном кладбище в Висбадене.

Открыв кладбищенскую калитку на православном кладбище в Висбадене, каждый посетитель увидит имена принадлежащие знатным и известным россиянам, оставившим свой заметный след в истории Отечества, в русской культуре, искусстве, дипломатии и в науке. Эмигранты и беженцы после революции и гражданской войны, беженцы после второй мировой войны и бывшие военнопленные, избежавшие насильственной репатриации на советскую родину. Эмигранты и беженцы после распада Советского Союза. Здесь вдали от родных погостов, нашли свой последний приют безвестные россияне, на могильном камне которых русские имена, дата жизни и смерти и мало что добавляет к этим сведениям кладбищенская Метрическая книга (Регистр). Они безвестные унесли с собой свои жизненные тайны, чаяния и надежды. С ними ушла наша история, которую семьдесят лет пытались извратить коммунисты и не смогли.

Всего в справочнике-путеводителе 780 имён.

С годами интерес к русскому кладбищу возрос. Теперь это не пустынное кладбище, как я увидел его в июне 1991 года. Сюда приходят и приезжают люди из разных стран. На кладбище приводят экскурсии, экскурсантов привозят на автобусах из разных городов Германии и Европы.

Книга справочник-путеводитель по русскому кладбищу в Висбадене «У последнего приюта» была одобрена на Епархиальном совете в Мюнхене и распространялась по всей Епархии, в том числе в Висбадене, изданная на средства автора небольшим тиражом скоро разошлась. Многие хотели бы иметь справочник по кладбищу. Спонсора я не находил и тогда решил передать Русской Православной Церкви за границей. Обратился с письмом к Марку Архиепископу Берлинскому и Германскому. И Получил от Владыки благославение. Отправил в Мюнхен дискету и все необходимые сведения. С той поры прошло уже более трёх лет. Мой бескорыстный дар принят, но книга не издана. Оказывается глава Русской Православной Церкви за границей, Архиепископ Марк поручили это дело висбаденскому священнику, а он не пожелал заниматься этим делом, ослушался и более того, не захотел иметь эту книгу в Висбадене.

Был в Висбадене священник о. Славомир. Душевный человек. При нём, в конце 90-х годов был готов первый вариант книги. Но объявился новый священник (кстати сказать он из Советского Союза и был там то ли лётчиком, то ли артиллеристом, но перестроился, бросил военную службу, отрастил бороду и перешёл на церковную службу с незабытыми армейскими наклонностями) Несмотря на то, что книга одобрена на Епархиальносм совете в Мюнхене и с благословения Архиепископа Владыки Марка распространялась по городам Германии, он самолично вопреки воле Владыки Марка воспротивился принимать от меня дар Церкви и более того запретил принимать мою книгу для распространения посетителям. Действует, как дорвавшийся до власти армейский ротный командир с партбилетом в кармане, нарушая святые христианские заповеди.

Фото: Ретро. Селение в горах Алтая

13/. Карагандинские потомки Ивачёвых *Анфия Григорьевна* Ивачёва, дочь Григория Львовича Ивачёва. В 1934 году познакомилась с Андреем Дубовицким студентом Семипалатинского сельскохозяйственного техникума и вышла за него замуж. В семье шестеро детей: Николай, Геннадий, Валентина, Семён. Татьяна и Наталья

Анфия Григорьевна *Дубовицкая.*

до замужестве *Ивачёва.* Дома её звали Фаня. Жила с родителями в Семипалатинске на улице Герцена № 6. Окончила школу. Начинала учиться вместе с сестрой Валентиной в медицинском училище. Не переносила формалина в анатомическом отделении и оставила учёбу. Поступила на курсы радисток. Если бы она окончила курсы машинисток и освоила стенографию, то как бы это помогло ей в будущем и избавило от тяжких забот в военное и послевоенное время.

А если бы она окончила курсы радисток? Но во время появился Андрей Дубовицкий и радистки-подпольщицы из нашей мамы сделать не успели.

Семья Дубовицких жила под Карагандой на Спасском руднике. Потом переехали в Ростовку, большое село, в котором жили переселенцы из России. В то время Церковно-приходской школы было достаточно для поступления в Семипалатинский сельскохозяйственный техникум. Андрей Дубовицкий встретился с юной Анфией Ивачёвой. Поженились. Родители часто меняли место жительства. Это было связано с работой отца. Не окончив учёбу в сельхозтехникуме он увлёкся журналистикой и стал работать корреспондентом в газетах Казахстана. Из Семипалатинска переехали в Уральск. Жили там на улица Почиталина № 30, в двух этажном из красного кирпича доме, занимали две комнаты на втором этаже. До революции этот дом принадлежал генералу Поэтому дом так и назывался *«Генеральским».* В этом доме родился братик Геннадий, в МТС родились Валентина и Семён,
в Каркаралинске -Татьяна и Наталья.

Во время войны отец был дважды ранен. Первое ранение было лёгким. Второе тяжёлым. Началась гангрена. Ноги хотели ампутировать. Но после длительного лечения в госпиталях в 1944 году он вернулся домой на костылях.

1947-51 гг. отец работал собкором областной газеты *«Социалистическая Караганда»* Жили мы тогда в городе Каркаралинске. Отца направили в Москву на специальные курсы по геологии для замполитов геологоразведочных партий, экспедиций и рудников в которых добывалось стратегическое сырьё. После окончания учёбы отец стал работать в геологоразведочной партии (ГРП) расположенной в посёлке Карагайлы, в 40 км от Каркаралинска. В 1954 году он тяжело заболел. Был переведен на инвалидность и с того времени уже не работал.

Для семьи наступили тяжёлые времена. Ни каких накоплений в семье не было. Всё домашнее имущество растеряли при постоянных переездах. С большим трудом инвалиду и участнику войны выделили 2-х комнатную квартиру в Большой Михайловке (бывшее переселенческое село,) ставшее пригородом Караганды.

В то время я учился в КГМИ. Моя стипендия была больше отцовской пенсии. *Валентина* бросила школу не доучившись в 5 классе и пошла работать уборщицей *в* аптеку. *Геннадий* после 6 класса начал работать подсобником на стройке. Осенью поступил в ФЗУ и жил там в общежитие. Мне как старшему в семье приходилось подрабатывать где придётся.
Фото: Николай с родителями в Каркаралинске 1948 г.

Геннадий После ФЗУ работал на стройке, после работы ходил на занятия в Аэроклуб. Показал высокие лётные качества. И в числе двух выпускников Карагандинского аэроклуба был направлен в Учебно-тренировочный авиационный полк (УТАП). Успешно окончил учёбу, работал в аэропорту. Окончил школу рабочей молодёжи и поступил в Кременчугское вертолётное училище. Успешно учился. После окончания учёбы, работал на севере пилотом вертолёта МИ-8. Трое детей. Все дети заняты в авиации.
Фото: *Геннадий с племянником Серёжей*

Валентина.
Первый муж Валентины Николай Елинский. Когда мы познакомились с его матерью и свекровью Валентины, она работала бухгалтером в Карагандинском Геологоуправлении. Александра Моисеевна жила с мужем в низеньком глинобитном домике, каких много в старых районах Караганды. О её лагерном прошлом мне было известно, а когда узнал, то начать разговор на эту тему долго не представлялось возможности.
Мы тогда жили на станции *«Курорт-Боровое»* и работали в железнодорожной больнице. Когда не было дежурств, на субботу-воскресенье, ездили поездом к родителям в Караганду. Всего одна ночь в пути в Караганду и обратно, то же ночью. Утром успевали на работу. Когда мы с Александрой Моисеевной поближе познакомились, поведала она мне о своей нелёгкой судьбе.
В молодые годы она была стахановкой и комсомолкой. В 1937 году её арестовали. Отсидела она в Карлаге по 58-й статье десять лет. По истечении десяти лет срок ей добавили. Освобождена в хрущёвскую оттепель, без права выезда из Караганды.
С мужем, *«карлаговцем»*, построили себе эту глинобитную мазанку. В которой дожили до реабилитации. В конце той памятной беседы, пообещала она съездить со мной весной в *«Долинку*»* и показать барак, в котором провела многие годы заключения и то окно с решёткой, через которое она много лет смотрела на сторожевую вышку с *«вертухаем»*. Дело было осенью. А весной Александры Моисеевны Елинской не стало. В живых я её уже не застал. (Долинка* -лагерь для заключённых и административный центр КАРлага).
У сестры Валентины трое детей. Одна из них Лада, внучка бабушки Александры Моисеевны и моя племянница. Во время горбачёвской перестройки Лада с мужем потеряли работу и остались с детьми без жилья. Приближались зимние холода.
Услышали, что в *«Долинке»* есть пустующие бараки. В одном из бараков нашли с мужем свободную камеру. В ней и поселились Жили они в этом бараке два года.
Валентина дважды вдова. Трое детей. Жила в Караганде, теперь в Уральске. На пенсии. Живёт вместе с дочкой Ладой.
Под впечатлением необычной судьбы бабушки Елинской и её внучки проявились эти стихотворные строчки:
«Разбирая старые архивы/, где лежат мои черновики/, жизни угасающей мотивы/ отыскал нечаянно дневники/.
Старые забытые тетради/, письма от знакомых и друзей/, фотографии, как будто на параде/, с незабытой родины моей/.
Мы в те годы были все другие/, с вами мой душевный непокой /, милые, наивные родные/, мне б до вас дотронуться рукой.../.
Зачитался. Оглянулся –светлый/, бледный сумрак за моим окном/. Утро наступило незаметно/, а я всё за письменным столом/.
Старые забытые тетрадки/, письма, фотографии родных.../в той стране, где снова беспорядки/, полстраны бездомных и больных.../.

Новое письмо. Я разбираю строчки/, там где бабушка сидела десять лет/, в Долинке, в бараке, в одиночке/, внучка поселилась, места в жизни нет/.
Вся семья под крышею, довольна/, печка есть, с решёткою окно.../.От таких вестей мне стало больно/. Новым демократам всё равно/. Н. Дубовицкий.

Фото: *Караганда. Во дворе дома после очередного снегопада.*
С лопатой Семён
Рядом с ним сестрички Наташа и Таня.

Семён младший брат.
Окончил в Караганде Среднюю школу.
Мы все надеялись что он
будет продолжать учёбу и поступит в институт.
А братец Семён передумал. Я жил тогда в Щучинске и узнал об этом поздно, когда прием документов в институты был закончен и начались вступительные экзамены. А Семён получил Повестку из военкомата и его призвали в армию. Служил он на юге в Таджикистане. Когда пришёл из армии, то учиться уже не захотел, хотя у него после службы в армии были льготы при поступлении в учебные заведения. Работал он на шахте проходчиком. Заработал льготную пенсию. Был женат. Сына Димку призвали в армию. Димка отслужил вернулся домой. Считалось что служил на территории страны. И в письмах об этом писал. На самом деле служил в Афганистане. Демобилизовался с желтухой. В Караганде его не лечили из-за отсутствия лекарств. В тяжёлом состоянии родители привезли его в больницу и он умер в приёмном покое без оказания медицинской помощи. Спустя время, Семён делал ремонт в пустующем доме родителей жены. Там его и нашли через неделю мёртвым. Причина смерти не установлена и установить причину его смерти или гибели даже не пытались.
От этой семьи осталась вдова Надя-Надежда. Связь с ней потеряна.

Татьяна окончила школу. Работала секретарём-машинисткой. Замужем. Дети. Внуки. Живёт в Караганде

Наталья после школы окончила Библиотечный техникум. Работала в библиотеках. Теперь на пенсии. Вдова. Двое детей, внуки. Живёт в Караганде.
Благодаря ей сохранились старинные фотографии из семьи Ивачёва Григория Львовича и Пелагеи Григорьевны. Не будь этих фотографий, свидетельствующих о том далёком прошлом, не состоялась бы эта книга, без портретов приведенных на её страницах. Не видя этих одухотворённых лиц, трудно рассуждать о предках, передавших нам в своих генах лучшее, что они имели за душой.
После окончания Карагандинского медицинского института, получил я направление на работу в систему МПС и работал вместе с женой Лидией в железнодорожной больнице на станции «Курорт-Боровое»,

Фото: На день рождения к родителям собралась вся семья. Слева направо: Лидия жена Николая, Валентина, её сын Саша, Надя жена Семёна, Семён, Серёжа сын Лидии и Николая, отец, Наташа, мама, Таня и брат Геннадий
Николай фотографирует.

Позднее я работал в противотуберкулёзном диспансере города Шучинска. Всего одна ночь пути по железной дороге со станции «Курорт-Боровое» минуя Целиноград, в Караганду.

Часто ездили в Караганду к родителям на субботу-воскресенье. Поезд следующий на Москву выходил из Караганды вечером. На станцию «Курорт-Боровое» прибывали рано утром и мы вовремя успевали на работу. При каждом посещении родителей я интересовался полученной ими почтой и всегда рассматривал семейные альбомы. Многое мне было известно, но теперь я интересовался деталями, подробностями жизни Ивачёвых, которые мама по моей просьбе стала записывать. Особенно интересовала меня история посещения брата её отца, приезжавшего из Томска. Мама имени его не запомнила, город из которого приезжал брат её отца она называла не уверенно. «Кажется Томск». Ответы из Колывани и в Барнаульский музей ясности не приносили. Обнаруженный мною материал о деятельности эсеровского подполья в Сибири называл П.А. Ивачёва директором училища. Разобраться в этом поиске было не просто. В Барнаульском музее под стеклом лежала фотография П.А.Ивачёва с неправильными датами его рождения и смерти. Но постепенно сведения накапливались и поиск расширялся.

У Павла Андреевича Ивачёва (1844-1910) был брат Лев Андреевич Ивачёв. У него было двое детей. Евгений Львович и Григорий Львович. Ивачёв Григорий Львович это мой дед по материнской линии. А Евгений Львович, тот самый брат, который вначале 20-х годов приезжал в Семипалатинск к своему брату Григорию со своей женой. По воспоминаниям моей мамы из Томска, где он жил в то время. У них были дети. Томские Ивачёвы наши родственники. Я отыскал несколько Ивачёвых. К сожалению о своей родословной они ни чего не ведают. Много позднее разобрались с директором П.А.Ивачёвым.

В 1905 году в Сибири действовала разветвлённая сеть эсеровской подпольной организации, боевые отряды которой занимались террористическими актами. 29 сентября был убит полицмейстер города Красноярска фон-Дитмар. 11 ноября предпринята попытка застрелить пристава Соколова. В декабре ранили иркутского губернатора Мишина. 26 декабря застрелили полицмейстера Драгомилова. О покушениях эсеры сообщали в своих прокламациях, как единственно правильном методе борьбы с ненавистным самодержавием. Авторы прокламаций выражали восхищение *«героями борцами несущими смерть в среду врагов свободы народа».* С 1906 по 1907 год было совершено 17 террористических актов. Была попытка покушения на директора Тюменьского технического училища П.А. Ивачёва. Это был Пётр Андреевич Ивачёв родной брат Павла Андреевича Ивачёва, о котором эта книга.

***

14/. Заключительная глава
В семье Ивачёвых рисовали все взрослые и все дети.

Григорий Львович Ивачёв окончил Барнаульское горное училище в Семипалатинске он работал в Управе чертёжником, как архитектор чертил планы домов и очень хорошо рисовал. У нашей мамы был школьный альбом с его акварельным рисунком. В том же альбоме были стихи посвящённые дочери Фане. Считалось что это его дедушкины стихи. Несколько строчек из этого стиха я помнил. К сожалению мамин альбом пропал при переезде. А какие великолепные рисунки и акварели хранились в них! Но разве о них можно рассказывать. Но вот сохранился в памяти тонкий рисунок карандашом на старинном ватмане: *«Красивая пара молодых людей. Она в лёгкой тунике. перед юным красавцем в изящном движении слегка обнажила свою великолепную ножку. Он классического телосложения с великолепным греческим профилем, замер перед юной красавицей склонив свою курчавую голову».*

В семье Ивачёвых в Семипалатинске выпускали стенную газету с рисунками и стихами. Газету выпускали ещё до войны, а дядя Ваня делал фотографии и мы дети любили эти фотографии рассматривать. Из той домашней стенной печати я узнал, что до войны у дяди Вани была жена. Она была близорукой. Но очки носить не желала. И был рисунок где она спрашивает что-то у гражданина, а на самом деле это было пальто на вешалке. И всё это нарисовано и подписано.

О маминых акварельных рисунках я уже говорил выше. На её акварелях стоит остановиться отдельно. Особенно мне запомнились её акварели миниатюры. Представьте себе ягоду клубнику. На её поверхности словно приклеены остроконечные зёрнышки. Они крошечные. У основания светлые, а кончик каждого зёрнышка коричневый. И все это видно на хорошем ватмане, а краски ещё дореволюционные яркие и, особенно хороша была красная с малиновым оттенком краска в золотой оболочке. Мне посчастливилось рисовать этими красками. Мама разрешила, после того, как я однажды в возрасте 9-лет нарисовал соседскую корову и все соседи прибегали посмотреть на этот рисунок. Только хозяйка вздыхала, что корова на рисунке худая.

Дядя Ваня запомнился мне с довоенных лет постоянно сидящим за мольбертом. Я простаивал возле него часами. Ожидая чудо-появление картины на холсте.

В нашей семье было несколько картин нарисованных дядей Ваней. Его оригинальные картины и этюды *«Холодный бродок»* в Семипалатинске. *«Осенний лес»* с яркими разноцветными листья. И копии с известных картин художников. Моя любимая картина была копия с картины Шишкина *«Сосны освещённые солнцем»*. Как я хотел иметь картину *«Утро в сосновом лесу»*, которую я выстоял рядом с дядей Ваней от начала и до конца. Но дядя Ваня делал картину кому-то на заказ. Тогда что бы утешить меня он подарил мне картину *«Сосны освещённые солнцем»*. У родителей была картина *«Пробуждение юной цыганки»* У цыганки большая золотая серьга кольцом. У меня сохранилось несколько рисунков дяди Вани: рисунок юной девушки исполненный карандашом, «Осенний лес» и миниатюрная картина Иртыша с деревьями на берегу, сделанная в виде открытки. Много что было. Всё растаскивалось неизвестно кем, терялось при переездах. Иван Григорьевич много лет рисовал виды старого Семипалатинска. Эти рисунки часто были на выставках и хранились в Семипалатинском музее. Судьба этих его работ не известна. Хотя местные семипалатинские краеведы часто упоминают о них в своих газетных статьях. С юных лет дядя Ваня занимался фотографией на профессиональном уровне.

В августе 1941 года явился какой-то тип объявил себя инспектором и облазил весь дом от чердака до погреба. Нашёл в кладовке деревянные ящики с негативами объявил их пожароопасными и потребовал уничтожить. Я помню эти ящики и негативы. Шла война. Мужчины уходили на фронт. Все взрослые были заняты своими заботами. Мы собирались ехать в Уральск. Мама беспокоилась что отца заберут на войну и мы его больше не увидим. А перед моими глазами до сих пор эти ящики с негативами. Когда в 1946 году мы из Уральска приехали к бабушке в Семипалатинск, то первым делом я побежал в дровяной сарайчик, где в 1941 году стояли ящики. Но сарай был пуст. А я так надеялся, вдруг, сохранились эти негативы дядюшки Ивана Григорьевича. С позиции сегодняшнего дня понятна ценность этой утраты.

С того довоенного времени сохранился рисунок палатки поисковой экспедиции, в которой работал дядя Александр и это кажется всё из того что было когда то в Семипалатинске в доме на улице Герцена № 6.

У мамы были альбомы с её акварелями. И долго сохранялись дореволюционные необыкновенного качества краски и её миниатюрные акварели.
В младших классах учителя обратили внимание на мои рисунки. Школьный учитель занимался со мной дополнительно по специальной программе, и готовил меня для поступления в Художественное училище.
А я в то время увлекался геологией и собрал коллекцию минералов и кристаллов. Однажды, блуждая по Каркаралинским горам и долинам, открыл стоянку людей из каменного века и стал осваивать археологию и изучать Андроновскую культуру, к которой отнесли обнаруженную мною стоянку.
Примечание: Об этом упоминается в краеведческой книге Юрия Григорьевича Попова «Каркаралы» изданной в Алма-Ате в 1981 году.
В 1951 году решил я съездить в Семипалатинск со своими рисунками. И услышать мнение дяди Вани художника.
В Семипалатинске остановился у бабушки Пелагеи Григорьевны Ивачёвой, в доме построенным нашим дедом ещё до революции, неподалеку от старинных Крепостных ворот. В 1951 году бабушке исполнилось 74 года. Она встретила меня ласково. Я был её любимым внуком. В те годы я рисовал натюрморты, горы, лес, старинные дома, освоил технику рисования непоседливых птиц и животных и с нетерпением ждал от дяди Вани оценку моих художественных работ. А он только молча листал мои альбомы. Наверное, на основании своего горького опыта художника в стране советов, не мог он рекомендовать мне поступать в художественное училище и стать художником. Его бедное существование говорило само за себя. Я был в растерянности.
Заметив моё состояние, мудрая бабушка увела меня в сторонку и стала рассказывать мне семейные истории. От неё я услышал о Колыванской вазе из яшмы, которую наш мастер Ивачёв, сопровождал в Петербург для царского дворца, впрягая для этого в специальную повозку 120 лошадей! Мне, старшему внуку, своему крестнику, бабушка поведала ещё и семейные тайны, которые у Ивачёвых передавались *«из уст в уста»*, от старшего к младшему.

Так я стал хранителем семейных преданий и тайн, которые должен был не забывать и по традиции передать следующему поколению. С той поры я начал собирать сведения о наших предках. Переписывался с родственниками, ездил к ним на встречи. Побывал в

Алма-Ате у тётушки Марии Григорьевны, в Москве у дяди Виктора, в Симферополе у тётушки Надежды Григорьевны. В Симферополе и Севастополе у двоюродных сестёр Веры и Галины Никольских. С Валентиной Григорьевной, дядей Ваней и дядей Анатолием встречался несколько раз в Семипалатинске. С тётей Зиной переписывался.

Дядя Александр, по воспоминаниям всех Ивачёвых, самый талантливый в семье, во время войны пропал без вести. Дети тётушки Антонины Григорьевны, мои старшие двоюродные братья погибли во время войны. Не вынесла этого горя и умерла тётушка Антонина. Об этой семье остались только воспоминания родных и фотографии, переданные мне, хранителю семейного прошлого.

Мы с женой Лидией Григорьевной уделяли **сыну Серёже** много внимания. Он ещё в дошкольном возрасте стал посещать Музыкальную школу. Мы поделили с женой обязанности. Жена занималась с сыном математикой и прочими точными науками. Я - немецким языком, литературой, стихосложением и рисованием. Сын посещал Художественную студию. Я ему дома показывал некоторые приёмы рисования и стихосложения. Незаметно увлёкся и стал рисовать вместе с ним и после долгого перерыва (потому что не печатали) стал опять сочинять стихи.

Племянница моей пациентки, Е.А. Аскова, член Союза Художников страны, жила в Москве и летом приезжала в наши места на этюды.

Портрет *девушки. Рисунок Сергея Дубовицкого*

Мы показали ей рисунки сына. Она очень удивилась его успехам и взяла над ним шефство. В те годы она несколько раз летом приезжала в наши казахстанские дали и разбирала Серёжины рисунки. Я несколько раз бывал в Москве. Брал с собой Серёжины рисунки, выслушивал от Елены Аркадьевны замечания и наставления приезжал домой и всё передавал Серёже. Он успешно участвовал на Художественных Выставках. Одно время мы даже начинали готовить его для поступления на архитектурный факультет. Но в школе города Щучинска школьники не были аттестованы по рисованию. В городе не оказалось учителя рисования. А сын втайне от нас хотел быть журналистом. Так и получилось. Он поступил на факультет журналистики в Ленинградский Университет. Все знания полученные в школьные годы ему пригодились.

Фото: *Сын Сергей Николаевич*

Всю свою сознательную жизнь я искал родственников потерянных в годы революции, бесчисленных войн и в советское время гонимых и репрессированных за простое и естественное, инакомыслие, которое должно быть в каждом здравомыслящем человеке. Искал Ивачёвых и однажды случайно нашёл и встретился с семьёй Лашковых. Они сохранили в своей памяти то, что нельзя передать на бумаге, без чего семейные архивы, пыльные пожелтевшие от времени бумаги, письма и фотографии не смогли бы заговорить.

Один из писателей, не по своей воли, оказавшийся в советском Казахстане, занимался поиском сведений о прошлом, которое «кануло в Лету». Однажды ему повезло. Он отыскал старинные портреты и принялся за поиски в архивах. Он стал находить к портретам биографические сведения. И тогда каждый найденный им портрет оживал. Свою первую книгу, он полный надежды на это чудо, назвал *«Если заговорят портреты».*

Надежды его сбылись. Последующую книгу, собрав достаточно материалов, с теми же действующими лицами, он назвал *«Портреты заговорили».*

Это, необъяснимое чувство, поиска и неожиданных открытий не покидало меня, когда я начинал заниматься журналистикой и свои первые очерки называл *«историко-краеведческими».* Тогда я пытался найти не только документальное подтверждение увиденному и осознанному. Встречаясь с очевидцами и потомками, я часто был охвачен чувством, передающим духовное от одного поколения к другому.

И всегда было горько вспоминать о потерянном, пропавшем, уничтоженном, своевременно не опубликованном из-за режимных ограничений советского времени и житейских проблем возникающих на этом фоне все годы моей жизни. Незабываемы случайные встречи, как начало нового поиска и новых находок.

Случайные встречи? Но случайного в жизни ничего не бывает. Всё взаимно связано и взаимно обусловлено. Всему своё время. Древние мудрецы сказывали: Нельзя дважды войти в одну и ту же реку.

Но если человек осмыслит это и поймёт, то жить ему от этого спокойнее и легче не будет. Поиск истины, захватит его полностью и несмотря на «тернии» на его пути, появится надежда на свет в конце тоннеля.

Перед моими глазами, навечно то что я видел и слышал, то что сохранилось в моей памяти и теперь по мере своих возможностей, я вознамерился передать на страницах этой книги, на которых раскрывается Колывань со всем её природным чудом и с тяжкими каменными работами камнерезных мастеров, открывшими для всего мира замершую симфонию красок в диком камне. Много раз пытался я постичь это в одиночестве. Теперь, я будто побывал в Горной Колывани вместе с Лашковыми и со всеми, кто прямо или косвенно помогал мне в завершении этого труда, которым я занимался многие годы. Я благодарен вам мои родные, помощники и друзья, которые были рядом со мной и благодарен тем, кто побывал в Колывани и смогли увидеть, как я их просил, Колывань «моими глазами». Они поняли, и передали мне свои ощущения *через годы и расстояния*. Пережив вместе с ними увиденное, я будто побывал в прошлом и по мере моих сил и возможностей старался передать собранное и воплотить на страницах этой книги.

Эрмитаж. Дореволюционная открытка

1970 год. Мы приехали в Эрмитаж в поисках вазы. О которой мне в 1951 году

рассказала бабушка Пелагея Григорьевна Ивачёва, а моя мама Анфия Григорьевна Ивачёва рассказывала о Колывани.
Фото: Школьник Серёжа у входа в Эрмитаж

Первая встреча с Колыванской вазой. Юная девушка-экскурсовод и сын Серёжа

***

15/. Источники и список использованной литературы:

Н.М. Мавродина Колыванская ваза. Проспект Ленинград 1989.
Н.М. Мавродина Искусство русских камнерезов XVIII – XIX веков
     Каталог Коллекции Издательство государственного Эрмитажа
     Санкт –Петербург 2007
Гуляев Н.С., Ивачёв П.А. Колыванская шлифовальная фабрика на Алтае
     Краткий исторический очерк составленный к 100-летию
     Фабрики 1802-1902 Барнаул 1902
В.И. Суриков Письма. Воспоминания о художнике Ленинград 1977
ЦГИА СССР ф.468 оп. 21.д. 431 (в здании Синода)
РГИА   ф. 504 оп. 2 д. 439
РГИА   ф. 789 оп. 5 д. 176
РГИА   Дело № 33 от 1902г Императорская Гранильная фабрика
     о прохождении службы Ивачёва
Томский областной краеведческий музей. Научный архив
     Опись 4, дело 310
Государственный архив алтайского края
ГААК   ф. 242 оп. 1
ГААК   ф. 3 оп. 1 д. 1117
ГААК   ф. 3 оп. 1 д. 128
ГААК   ф. 3 оп. 1 д. 12
ГААК   ф. 15 оп. 1 д. 22
ГААК   ф. 2 оп. 1 д. 30
ГААК   ф. 2 оп. 1 д. 8612
ГААК   ф. 4 оп. 1 д. 34
ГААК   ф. 19 оп. 1 д. 171
ГААК   ф. 3 оп. 1 д. 132
ГААК   ф. 3 оп. 1 д. 424
ГААК   ф. 3 оп. 1 д. 477
ГААК   ф. 3 оп. 1 д. 481
ГААК   ф. 3 оп. 1 д. 127

Личный архив К.В. Лашкова
Личный архив Н.А. Дубовицкого

Топаж Х.И. Петергоф возрождённый из пепла
     Санкт-Петербург 2009г
История Петербурга. Журнал № 1 (53) .Специальный выпуск к
     305-летию Петергофа посвящается 2010г
Т.В. Моисеева редактор Товарищество передвижных художественных выставок
     Письма, документы 1869-1899г
     Москва издательство Искусство ГДР 1997г
О.В. Падалкина, И. В. Попов Старейший музей Сибири Барнаул 2008г
А Родионов На крыльях ремесла Москва Современник 1988г
А М Тарунов Алтайский благодатный край Москва Можайск 2007г

***

16/. Приложение.

Фото: *Дорога на Колывань*

Фото: *Ольга Ивановна Троценко-Шетшелева с подругой Ольгой Онискевич в Колывани.*

Фото: Дом управляющего Колывнской шлифовальной фабрикой

Современный вид

Фото: Семья Ивачёвых и Серковых собралась на пасеку. Конец XIX века

Фото: Домик на пасеке, на Ручьёвском косогоре. Конец XIX века.

Фото: Конец XIX века. Редкая фотография. Пасека Ивачёвых-Серковых. В то время было уже вполне современное пчеловодсто. Пчёл содержали не в колодах. Улья на пасеке рамочные.

Фотокопия с акварели И.А. Злобина. Колывань. Конец XIX века.

Фото: Музей истории камнерезного дела в Колывани.

Фото: Ивачёв Григорий Львович, дома за чертежами, ул. Герцена № 6 Семипалатинск.

Фото: художник Ивачёв Иван Григорьевич с сестрой Анфией. Семипалатинск. Конец 20-х годов

Фото: Семипалатинские Ивачёвы на заготовке дров. Григорий Львович Ивачёв. Сыновья Анатолий и Виктор. Иван Григорьевич фотографирует.

Фото: Григорий Львович Ивачёв.

Фотокопия: П.Г.Ивачёва за рукоделием

В этом городе было Горное училище, где учились многие будущие мастера Колывани в том числе Ивачёвы.

Фото: Омск. Инженерно-техническое училище, где работал Пётр Андреевич Ивачёв

Серафимовское кладбище вблизи Петербурга, здесь похоронены Ивачёвы.

Чаша квадратная. Коргонский порфировидный туф. 1836 г.
(Копия подаренной Наполеону). Проект А.Н.Воронихина.
Мастер М.О.Ивачев. Эрмитаж

Фото: В Петропавловском соборе.
Н. Дубовицкий и экскурсовод.

Яшмовая ваза-дар Императора Александра III городу Парижу, изготовленная на Колыванской шлифовальной фабрике.

Торшер. Коргонский порфир. Проект И.И. Гальберга.
Мастера М.О. Ивачёв и М.С. Лаулин

*Юбилейная медаль
к 100-летию фабрики. 1902 г.*

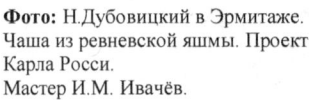

Фото: Н.Дубовицкий в Эрмитаже.
Чаша из ревневской яшмы. Проект
Карла Росси.
Мастер И.М. Ивачёв.

Фото: ретро Ярмарка на Алтае

Чаша овальная.
Ревневская яшма. 1819 г.
Проект Д.Кваренги.
Бронза по рисунку К.Росси.
Мастера М.О.Ивачев
и М.С.Лаулин.
Эрмитаж

Фото: Стол управляющего Колыванской шлифовальной фабрикой, за которым работал П.А. Ивачёв. Теперь это музейный экспонат в Колывани.

1902 год. Мастера Колыванской шлифовальной фабрики.
Стоят справа налево: П.И.Поднебеснов, А.Т.Воротников, М.Т.Воротников, Е.Е Хмелёв, Г.С. Пустоквашин. Сидят слева направо: И.Ф.Стрижков, Зудов, П.А.Ивачёв, Личность не установлена, А.И. Дорохов.

Фото: Семья Павла Андреевича Ивачёва в Колывани:
У него на руках Аполлон, чуть ниже Николай.
Анна Аполлоновна рядом с ней Татьяна. Стоит дочь Маргарита и рядом с ней Мария.
Протоиерей Аполлон Лашков. Слева в тёмной одежде мать Аполлона Александровича, его дочь Людмила и две пожилые женщины няньки.

Фото из домашнего архива. Участники экспедиции в горах Алтая Вторая половина XIX века.

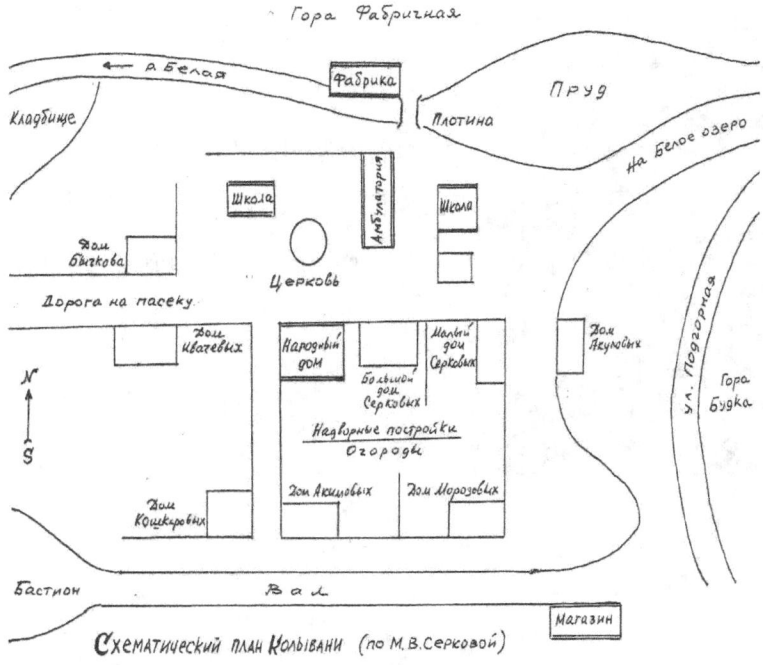

Схему Колывани составила Мария Васильевна Серкова, дочь младшего сына Серковых Василия Васильевича.

Не так просто разобраться в этих родословных линиях если среди таких близких родственников две Марии Васильевны.

Одна Мария Васильевна мать Кирилла Владимировича Лашкова (1801-1971)

И вторая двоюродная сестра. Она 1919 года рождения и жила в Колывани до 1930 года, описала жизнь Серковых в Колывани. Последний раз она побывала в Колывани в 1968 году.

Крепостные ворота в Семипалатинске.

В этом ряду через несколько домов на улице Герцена под № 6 стоял дом Ивачёва Григория Львовича.

Ворота и дом Ивачёвых снесли во время хрущёвского градостроения. Позднее одумались и построили новые ворота, на новом месте.

Фото: Семипалатинск в конце XIX века

Семипалатинск. Знаменский собор уничтоженный большевиками

Фото: Караганда. Улица Тепловозная. Семья Дубовицких.
Справа налево: Валентина, Лидия, отец, Таня, мама и дочка наших знакомых.
С детской каталкой Серёжа. Фотографирует Николай.

Фото: Караганда. В квартире родителей. Слева направо: Наташа, Лидия, отец, Серёжа и Саня Елинский.- сын Валентины.

Фото: Студент Серёжа Дубовицкий на практике. Встреча с жителями города Щучинска.

Фото: Серёжа с сыном Егором

Воспоминание о школьном вечере. Прощание со школой

Рисунок Серёжи Дубовицкого

Фото: 1962 г.
Серёжа в Доме отдыха «Учитель» сын Николая и Лидии Дубовицких

Фото: Спустя годы:
Выступает внук Егор 1996 год Сын Серёжи Дубовицкого

Фото: Николай Дубовицкий и Лидия Андреевна Лашкова 2011 г. Петербург

Фото: Алекс Клецко. На кресле в Петропавловском Соборе. Мой добровольный помощник и гостеприимный хозяин квартиры, сопровождающий меня по достопримечательностям Петербурга.

Фото: Петропавловская крепость. Петропавловский собор.

Фото: Сергей Дубовицкий на отдыхе в Греции.

Фото: Н.А. Дубовицкий с рентгенограммой.

Встреча с семьёй Ивачёвых: Виктор Григорьевич Ивачёв, его жена Нина, дети Ольга и Володя.
Дубовицкие: Николай, Лидия и Сергей. 80-е годы. **Москва.**

На месте смертельного ранения Царя Александра II на Екатериненском канале, в советское время канал Грибоедова, был построен храм Воскресения Христова, Спас на Крови. Место на набережной где пролилась кровь Царя освободителя, было сразу же ограждено и построен временный шатёр. Позднее в самом храме, на месте ранения царя была сооружена шатровая сень по рисунку А.А.Парланда. Основанием сени были четыре колонны с капителями и каменным навесом, украшенные мозаичными иконами с изображением святых – покровителей царствующего Дома Романовых. Сень завершалась восьмигранной пирамидой и крестом, выполненным из 112 топазов, облицованная внутри бухарским лазуритом. Свод был инкрустирован звёздами из сибирских самоцветов и топазов. Сень была ограждена ажурными металлическими решётками. В пол под сенью были вмонтированы части решётки екатерининского канала и камни булыжной мостовой на которые упал смертельно раненый император. Значительная часть драгоценных камней для свода были взяты из запасов Петергофской гранильной фабрики и использована серо-фиолетовая яшма из Алтая.

В изготовлении колонн и украшений сени принимали участие мастера-камнерезы Петергофской, Колыванской и Екатеринбургской гранильной фабрик.

Храм строился на пожертвования. В 1907 году строительство храма было завершено и состоялось его освящение. С приходом к власти большевиков Храм Воскресения Христова подвергся участи всех православных храмов и церквей России. Был неоднократно ограблен представителями новой так называемой народной власти и была

устроена выставка посвящённая деятельности «Народной воли», члены которой были убийцы царя. Храм периодически закрывался и окончательно был закрыт в 1930 году. Его готовили на снос. Но помешала война с белофинами, потом нападение Германии. 20 июля 1970 года Храм на протяжении многих десятилетий подвергавшийся разграблению и разрушению, по решению Ленгорисполкома был передан в ведение Государственного музея «Исаакиевский собор» и сделан его филиалом. На фотографии видна табличка с именами мастеров камнерезов. Шесть строчек. По советским понятиям этого было вполне достаточно. На этой табличке отсутствовали имена архитектора, и мастеров исполнителей и указана только часть мастеров камнерезов. Был 2007 год. Я обратился с этим вопросом к искусствоведам дежурившим в Храме и поведал им полный список лиц задействованных в появлении шатровой Сени. Рядом с храмом административная контора ведающая Храмом. Но меня не приняли. Не приёмный день. После поездки по городам России вернулся в Петербург и сделал ещё одну попытку поговорить с начальством. Увы, начальство выехало в Смольный на какое то совещание. А на утро у меня кончалась виза.

Когда эта книга готовилась в печать я попросил своих близких посетить Храм и сделать фотографию таблички возле шатровой сени покрупнее, что бы видны были имена.

Фото: Н.Дубовицкий в Храме Рождества Христова. Храм на крови 2007 год

Но табличку сняли. Возможно мои разговоры в Храме с искусствоведами подействовали. Однако новую не установили. Посмотрим, как оценили работу мастеров и подмастерьев в царское время.

14 декабря 1907 года Министерство Императорского Двора и Уделов отправили господину Директору Императорской Петергофской Гранильной фабрики А.Гуну следующее Указание.

На основании Высочайшего Его Императорского повеления, воспоследовавшего в 3 день минувшего Ноября, за труды по изготовлению и сооружению в Храме Воскресения Христова сени над местом смертельного поранения в Бозе почившего Государя Императора Александра II, Высочайше пожалованы Главному Мастеру и заведующему хозяйственной частью Императорской Петергофской Гранильной фабрики коллежским Советникам Ивачёву и Цветкову, золотые с цепочками часы с изображением Государственного герба, украшенные бриллиантами.
Мастерам: Иванову, Давыдову, и Кокушеву серебряные портсигары с изображением Государственного герба.
Подмастерьям: Башловскому, Егорову, Богданову, Тихобаеву, Владимиру Давыдову, Тимофееву, Зимину и Елизарову-серебряные часы с таковыми же цепочками.
Помощник начальника Главного Управления Уделов Гр. Нирод
За заведующего Делопроизводством М. Тизенгаузен-

Серия фотографий. Н.Дубовицкий в Эрмитаже 2007 год.

Серия фотографий: в Эрмитаже 2007 г. Н. Дубовицкий с Колыванскими вазами. Рядом случайная женщина, посетитель Эрмитажа, услышав, что я потомок Ивачёвых, она не смогла сдвинуться с места и попала в объектив фотоаппарата.

Картина художника К.Тарского: Колывань. Транспортировка каменного блока для «Царицы ваз» от каменоломни до фабрики.

Фото: Н.Дубовицкий и Б.Деревенский. Магазин «Историческая книга» Петербург.2011 г. Мой посредник при общении с архивами.

Фото: Ретро. Мельница на Алтае.

Фото: Ретро Зима в Колывани.

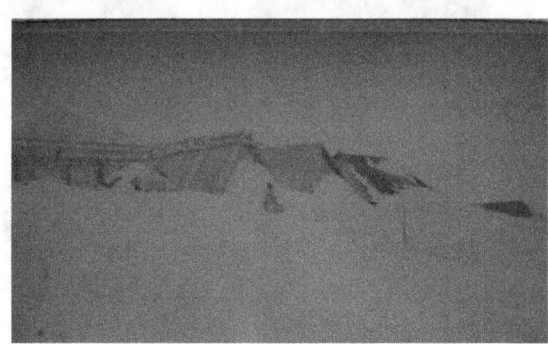

Фото: Ретро. В Алтайских горах

Осенний пейзаж. Картина Ивана Григорьевича Ивачёва

Иван Григорьевич Ивачёв за мольбертом. Семипалатинск. Довоенное **фото.**

Фото: Висбаден. Николай, Лидия с внуком Егором в саду на пасеке.

Фото: Егор на пасеке в казахстанской степи.

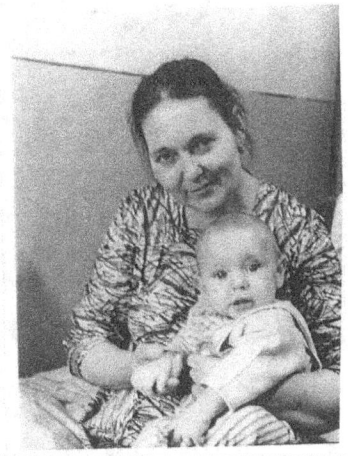

Фото: Бабушка Анфия Григорьевна с внуком Серёжей.

Фото: Майнц. Университет имени Гутенберга. Кафедра славистики. Николай Дубовицкий с темой книги об Ивачёвых в кабинете профессора, Доктора Р. Гольдта.

Фото: Лоик Виоланд (Loïc WIOLAND) французский помощник компьютерной обработки текстов и размещения фотографий, владеющий многими иностранными языками. За время общения с моими русскими текстами быстро освоил необходимый минимум значения русских терминов.

Три журналиста: С бородой Сергей Дубовицкий журналист после окончания факультета журналистики в Ленинграде. В очках Николай Дубовицкий нештатный журналист газет и журналов. Будущий журналист Егор по следам отца Сергея, учился на факультете журналистики в Петербургском университете.
1987 г. Снимок в Новгороде Великом.

***
Конец

На фотографиях авторы: слева Н.А. Дубовицкий, справа К.В. Лашков.

Павел Андреевич Ивачёв родился 4 ноября 1844 года на Алтае в семье камнерезного мастера, в селе Горная Колывань. За год до его рождения была «совершенно окончена» гигантская чаша из зелёноволнистой яшмы известная, как «Царица ваз». **В 2013 году ей исполнилось 170 лет.** После многомесячного пути, ваза весом более 1900 пудов, была доставлена в Петербург и поныне находится в Эрмитаже. Сопровождал её мастер Иван Михайлович Ивачёв.

К этому времени благодаря труду народных умельцев камнерезов, село Колывань, стало известно далеко за его пределами. На международных Выставках изделия из Колыванской яшмы были награждены медалями и дипломами.

Павел Ивачёв родился при Николае I, учился при Александре II, окончил Императорскую Академию художеств, успел поработать в этнографической экспедиции Радлова, в качестве заведующего он сопровождал Товарищество Передвижных художественных Выставок, работал управляющим Колыванской шлифовальной фабрикой и главным мастером на гранильной Петергофской фабрике. Он руководил строительством Сени на месте смертельного поранения царя Александра II. Ему было поручена добыча и обработка каменных блоков для саркофагов Александру II и его супруге Марии Александровне. За свои труды Павел Андреевич Ивачёв был отмечен царскими милостями и наградами царя Александра III.

Умер П.А. Ивачёв внезапно в 1910 году при Николае II. Неизвестно как бы сложилась его судьба, доживи он до революции и Гражданской войны. Эта доля досталась его семье, и детям. А изделия, выполненные Павлом Андреевичем Ивачёвым и колыванскими мастерами из семьи Ивачёвых, навсегда прописаны в музейных залах Петербургского Эрмитажа.

Горная Колывань

Рецензия на монографию Н.А.Дубовицкого и К.В.Лашкова "Колыванские вазы в Эрмитаже"
Повесть о колыванских мастерах и потомках.

Данная монография рассматривает один из историчеких моментов в Истории России — историю камнерезного прмысла в алтайской Колывани, через биографию уроженца этих мест Павла Андреевича Ивачёва и его семьи.

П.А.Ивачёв — выпускник императорской Академии художеств, управляющий Колыванской шлифовальной фабрики, позднее стал главным мастером Петергофской гранильной фабрики. Под его руководством и при личном участии были изготовлены уникальные изделия из камня, ставшие украшением коллекции Эрмитажа. Работой его родных, потомственных камнерезов стала знаменитая ваза Эрмитажа из зелёноволнистой яшмы, под названием Царица, известная всем посетителям этого крупнейшего музея России.

Интерес этой книге придаёт и тот факт, что авторы Кирилл Владимирович Лашков и Николай Андреевич Дубовицкий из рода Ивачёвых, являются потомками известных старожилов проживающих в Колывани и их близкое родство с колыванскими камнерезами.

Авторы последовательно излагают историю колыванских промыслов, работу Колыванской шлифовальной фабрики и участие П.А.Ивачёва в составе Товарищества Передвижных художественных выставок, его личное знакомство и перреписка со многими известными художниками России.

Отдельно рассмотрена работа Императорской академии художеств и её роль в подготовке колыванских камнерезов. На этом фоне представлена биография П.А.Ивачёва и его роль в развитии Петергофской гранильной фабрики. Отдельно авторами показана работа мастеров Петергофа на месте смертельного поранения императора Александра II, строительство Сени-шатра, установленного в храме Воскресения на крови в Петербурге. А так же изготовление беломраморных саркофагов для всей Романовской династии в Соборе Петропавловской крепости.

Впервые предоставлена родословная мастера Ивана Михайловича Ивачёва, доставившего Колыванскую вазу через всю страну с Алтая в Петербург.

Авторы прослеживают две ветви и судьбы потомков Колыванских камнерезов — в Колывани, Петербурге, Семипалатинске, Крыму, и в Караганде.

В качестве источников для написания книги Н.А.Дубовицкий и К,В.Лашков использовали богатейшие архивы своих семей, уникальные фотографии, которые раньше нигде не публиковались, а так же литературу по искусству. Авторы работали с архивными материалами — Государственного архива Российской Федерации, Российского государственного архива Петербурга, Государственного архива алтайского края и натуральными сведениями с экспонатов Эрмитажа. Большинство опубликованных ими материалов впервые вводится в научный оборот. В целом монография является законченным исследованием по заявленой теме. Она представляет интерес для всех интересующихся историей искусства, краеведением и для любителей истории.

Зав. кафедрой истории археологии и краеведения Гуманитарного института Владимирского государственного университета.

Председатель Союза краеведов
Владимирской области.
Доктор исторических наук,
профессор А.К.Тихонов

Лист для заметок

Лист для заметок

www.ingramcontent.com/pod-product-compliance
Lightning Source LLC
Chambersburg PA
CBHW052315220526
45472CB00001B/132